化妆设计

徐家华　张天一　主　编
范丛博　冯燕容　副主编

中国纺织出版社

内 容 提 要

本书是普通高等教育"十一五"国家级规划教材(本科)。全书概述了化妆设计的类别及功能，图文介绍了中西方历代、近现代的妆饰特征，阐明了化妆的设计要素，讲解了化妆设计的表现方法，最后全面呈现了化妆的设计流程，并列举了大量精彩的师生作品案例。

图书在版编目(CIP)数据

化妆设计/徐家华，张天一主编. —北京：中国纺织出版社，2011.11（2024.9重印）

普通高等教育"十一五"国家级规划教材. 本科
ISBN 978-7-5064-7527-3

Ⅰ.①化… Ⅱ.①徐… ②张… Ⅲ.①化妆—造型设计—高等学校—教材 Ⅵ.①TS974.1

中国版本图书馆CIP数据核字(2011)第093736号

策划编辑：金 昊 杨 旭 责任编辑：魏 萌 特约编辑：李春奕
责任校对：寇晨晨 责任设计：何 建 责任印制：何 艳

中国纺织出版社出版发行
地址：北京市朝阳区百子湾东里A407号楼 邮政编码：100124
销售电话：010—67004422 传真：010—87155801
http://www.c-textilep.com
E-mail:faxing@c-textilep.com
中国纺织出版社天猫旗舰店
官方微博 http://weibo.com/2119887771
北京通天印刷有限责任公司印刷 各地新华书店经销
2011年11月第1版 2024年9月第7次印刷
开本：889×1194 1/16 印张：12.75
字数：184千字 定价：58.00元

凡购本书，如有缺页、倒页、脱页，由本社图书营销中心调换

出版者的话

全面推进素质教育,着力培养基础扎实、知识面宽、能力强、素质高的人才,已成为当今本科教育的主题。教材建设作为教学的重要组成部分,如何适应新形势下我国教学改革要求,与时俱进,编写出高质量的教材,在人才培养中发挥作用,成为院校和出版人共同努力的目标。2005年1月,教育部颁发了教高[2005]1号文件"教育部关于印发《关于进一步加强高等学校本科教学工作的若干意见》"(以下简称《意见》),明确指出我国本科教学工作要着眼于国家现代化建设和人的全面发展需要,着力提高大学生的学习能力、实践能力和创新能力。《意见》提出要推进课程改革,不断优化学科专业结构,加强新设置专业建设和管理,把拓宽专业口径与灵活设置专业方向有机结合。要继续推进课程体系、教学内容、教学方法和手段的改革,构建新的课程结构,加大选修课程开设比例,积极推进弹性学习制度建设。要切实改变课堂讲授所占学时过多的状况,为学生提供更多的自主学习的时间和空间。大力加强实践教学,切实提高大学生的实践能力。区别不同学科对实践教学的要求,合理制定实践教学方案,完善实践教学体系。《意见》强调要加强教材建设,大力锤炼精品教材,并把精品教材作为教材选用的主要目标。对发展迅速和应用性强的课程,要不断更新教材内容,积极开发新教材,并使高质量的新版教材成为教材选用的主体。

随着《意见》出台,教育部组织制订了普通高等教育"十一五"国家级教材规划,并于2006年8月10日正式下发了教材规划,确定了9716种"十一五"国家级教材规划选题,我社共有103种教材被纳入国家级教材规划,其中本科教材56种,高职教材47种。56种本科教材包括了纺织工程教材13种、轻化工程教材16种、服装设计与工程教材24种、美术教材2种,其他1种。为在"十一五"期间切实做好教材出版工作,我社主动进行了教材创新型模式的深入策划,力求使教材出版与教学改革和课程建设发展相适应,充分体现教材的适用性、科学性、系统性和新颖性,使教材内容具有以下三个特点:

(1)围绕一个核心——育人目标。根据教育规律和课程设置特点,从提高学生分析问题、解决问题的能力入手,教材附有课程设置指导,并于章首介绍本章知识点、重点、难点及专业技能,增加相关学科的最新研究理论、研究热点或历史背景,章后附形式多样的习题等,提高教材的可读性,增加学生学习兴趣和自学能力,提升学生科技素养和人文素养。

(2)突出一个环节——实践环节。教材出版突出应用性学科的特点,注重理论与生产实践的结合,有针对性地设置教材内容,增加实践、实验内容。

(3)实现一个立体——多媒体教材资源包。充分利用现代教育技术手段,将授课知识点制作成教学课件,以直观的形式、丰富的表达充分展现教学内容。

出版者的话

　　教材出版是教育发展中的重要组成部分,为出版高质量的教材,出版社严格甄选作者,组织专家评审,并对出版全过程进行过程跟踪,及时了解教材编写进度、编写质量,力求做到作者权威,编辑专业,审读严格,精品出版。我们愿与院校一起,共同探讨、完善教材出版,不断推出精品教材,以适应我国高等教育的发展要求。

中国纺织出版社
教材出版中心

前言

这些年,我在编写教材的过程中,总会不由自主地回忆起往事:想到自己在大学念书时没有化妆专业教材,大家都在课堂上极其认真地记笔记;后来总算有了一两本打印的教材,让我们如获珍宝。一届又一届大学生就这样度过了他们的学习生涯。

20世纪80年代末,北京金盾出版社向王辅世老师和应玉兰老师约稿,请他们写一本关于生活化妆的书,两位老师把这个机会给了我。兴奋激动之后,我辛苦地伏案写作将近一年,完成了《现代美容化妆400题》一书,这本书不仅倾注了我对化妆专业的真情实意,更凝聚了教研室前辈专家的艺术智慧。90年代初期,国内编著的系统而专业的化妆教科书几乎没有,因此,许多学校都将这本书作为专业教材,成为当年科技类最受读者欢迎的十本书之一,出版社多次重印,印数多达几十万册,满足了当时化妆教学的需求。

通过几代人的努力,今天,我们已拥有了先进的教学理念和完整的课程体系,也使化妆设计专业的建设与发展达到了国际化的高度。自然,在建设专业的过程中,我们充分运用教科书这个载体展开教学实践,不断探究更新颖、更科学、更具活力的教学方法。《化妆设计》的出版是我们对化妆设计课程走向新高度的思考,是学校的整体培养目标、科学的艺术教育观以及适当的教学活动策略与教学过程的体现。

作为高等艺术教育的专业课程,任何新的学习方式和新的创意理念,都不会完全抛弃传统和基础的积淀,也不会忽视博大精深的经典艺术,更不会脱离历史、文化和艺术所传承给我们的经验,因为社会就是在这样的继承与创造中发展起来的。所以,我们所展开的课程改革、所做的教学实验、所写的教科书、甚至所教的化妆技能,都必须置放在社会整体文化形态的大背景之下来验证其合理性、合适性以及被认可、被欢迎、被传播的价值度。为此,我们在教材中把所写的内容与课程教学内容结合,与课程特性结合,与课程改革结合,用不断完善的手法使化妆设计教学的模式达到更高的水准。

教材从某种意义上来说,是一种对前人经验的总结。如何正确阅读和使用教材才能获得最佳的效果,值得我们讨论。首先,教材的容量是有限的,而丰富的教学案例是无限的,教师应该根据实际情况组织教学,发挥教材的指导作用。其次,书中介绍的设计方法是有限的,实际的教学模式是无限的,要活学活用教材,提倡自主创新的教学思想。最后,在使用教材时应看到,教学目标的指向、预设是同一的,而学生群体是丰富多元的,在教学中具有许多不确定性因素,因此,要以人的发展为本来应用教材。

对于人物造型专业而言,我们应该鼓励所有的教师和学生不断超越现有的各类

前言

教科书,一起弘扬化妆设计专业的优秀理念和知识技能,将专业教学提升到新的高度。在飞速发展的当今社会,各种新的艺术观念、各类新的资讯和信息、层出不穷的新技术、新材料都会影响我们的设计思想与创意,影响我们的化妆教学,也势必给予化妆艺术教学更大、更广阔、更精彩的天地。

徐家华

2011年6月

教学内容与课时安排

章/课时	课程性质/课时	节	课程内容
第一章（10课时）	基础理论（10课时）		• 化妆设计概述
		第一节	化妆的类别
		第二节	化妆的功能
第二章（24课时）	中西古代造型设计理论与技术（72课时）		• 中国历代妆饰
		第一节	商周时期的妆饰
		第二节	秦汉时期的妆饰
		第三节	魏晋南北朝时期的妆饰
		第四节	唐朝时期的妆饰
		第五节	宋朝时期的妆饰
		第六节	元朝时期的妆饰
		第七节	明朝时期的妆饰
		第八节	清朝时期的妆饰
第三章（24课时）			• 西方历代化妆
		第一节	古埃及时期的妆饰
		第二节	古希腊、古罗马时期的妆饰
		第三节	文艺复兴时期的妆饰
		第四节	巴洛克、洛可可时期的妆饰
		第五节	19世纪的妆饰
第四章（24课时）	现当代化妆设计理论与技术（176课时）		• 近现代妆饰的发展与融合
		第一节	19世纪末至20世纪初的妆饰
		第二节	20世纪20~30年代的妆饰
		第三节	20世纪中期的妆饰
		第四节	20世纪80年代的妆饰
		第五节	20世纪末的妆饰
		第六节	21世纪初的妆饰
第五章（64课时）			• 化妆的设计法则
		第一节	化妆设计的形式美法则
		第二节	化妆设计的形态要素
		第三节	化妆设计的色彩要素
		第四节	化妆设计的质地要素
第六章（48课时）			• 化妆的设计表现及应用
		第一节	写实风格化妆的表现及应用
		第二节	写意风格化妆的表现及应用
		第三节	象征风格化妆的表现及应用
第七章（64课时）			• 化妆的设计流程
		第一节	化妆设计的基本流程
		第二节	汲取灵感
		第三节	艺术构思
		第四节	平面表达
		第五节	立体表现
第八章（72课时）	化妆设计实践（72课时）		• 造型作品案例分析

注　各院校可根据自身的教学特点和教学计划对课时进行调整。

目录
CONTENTS

第一章 化妆设计概述

第一节 化妆的类别 002
第二节 化妆的功能 002

第二章 中国历代妆饰

第一节 商周时期的妆饰 010
第二节 秦汉时期的妆饰 011
第三节 魏晋南北朝时期的妆饰 012
第四节 唐朝时期的妆饰 013
第五节 宋朝时期的妆饰 016
第六节 元朝时期的妆饰 017
第七节 明朝时期的妆饰 017
第八节 清朝时期的妆饰 019

第三章 西方历代妆饰

第一节 古埃及时期的妆饰 022
第二节 古希腊、古罗马时期的妆饰 024
第三节 文艺复兴时期的妆饰 028
第四节 巴洛克、洛可可时期的妆饰 031
第五节 19世纪的妆饰 035

第四章 近现代妆饰的发展与融合

第一节 19世纪末至20世纪初的妆饰 040
第二节 20世纪20~30年代的妆饰 043
第三节 20世纪中期的妆饰 045
第四节 20世纪80年代的妆饰 048
第五节 20世纪末的妆饰 050
第六节 21世纪初的妆饰 053

化妆的设计法则

第五章

第一节　化妆设计的形式美法则　056
第二节　化妆设计的形态要素　073
第三节　化妆设计的色彩要素　088
第四节　化妆设计的质地要素　103

化妆的设计表现及应用

第六章

第一节　写实风格化妆的表现及应用　112
第二节　写意风格化妆的表现及应用　116
第三节　象征风格化妆的表现及应用　121

化妆的设计流程

第七章

第一节　化妆设计的基本流程　126
第二节　汲取灵感　128
第三节　艺术构思　139
第四节　平面表达　148
第五节　立体表现　161

造型作品案例分析

第八章

后　记　192

第一章 化妆设计概述
P001-P007

第一章 化妆设计概述

第一节 化妆的类别

关于化妆，一种解释是：涂脂抹粉以美容；另一种解释是："为了适应演出的需要，用油彩、脂粉、毛发制品等把演员装扮成特定的角色或给演员作容貌的修饰"，即化妆是戏剧、电影等表演艺术的造型手段之一，需要根据角色的身份、年龄、性格、民族和职业特点等，利用化妆材料，塑造角色的外部（主要是面部）的形象。例如中国传统戏曲按不同的角色行当化妆，丑行和净行一般使用脸谱。

根据以上的解释，化妆大致可以分为两大类：一类是人们在日常生活中对面部容貌的打扮；另一类则是演员在表演艺术中对其面部形象的塑造。因此，我们也可以简单地把化妆分为"生活类化妆"与"表演类化妆"。在过去很长一段历史时期，人们对生活化妆的标准是自然无痕，对戏曲化妆的理解是夸张；对影视化妆的要求是逼真。随着社会的进步与经济的发展，当代生活的方式与审美观念较以往发生了巨大的变化。艺术引领生活，生活又丰富了艺术，因此，生活艺术化、艺术生活化也开始反映在化妆造型上，并且尤为真实地体现着当代人们对美的感受以及审美观念的改变，也使人们看到了多元文化给化妆带来的丰富性与新鲜感。无论是生活化妆还是表演化妆，首先是审美观念的改变，而观念直接影响化妆的设计理念，由此也带来了化妆样式、化妆材料、化妆方法的多样性与创新性。

第二节 化妆的功能

一、美化功能

在生活化妆中，用化妆材料、化妆工具、化妆手段来遮盖自身的生理缺憾，使皮肤、五官以及发型呈现出最佳的样式，达到一种审美的理想状态。这样的美化行为使化妆者与观赏者都得到了美的享受与愉悦。所以，化妆的美化功能在生活化妆范畴内占据着重要的地位。例如，可以用粉底来改变面部暗沉的肤色，用遮瑕膏遮掩斑点，用眼影、眼线、睫毛液使双眼明媚动人，用胭脂与口红使面颊红润、樱唇秀美。这样的化妆行为都是人们在特定的时期追随其所崇尚的审美风格，以增加自信度和美誉度的表现。

从表演化妆的角度来看，虽然在大多情况下，化妆造型是为了塑造角色的面部形象。但是，从某种意义上说，演员属于审美客体，是被审美主体——观众所欣赏的客观对象。审美客体必须具有生动的形象性，具有审美属性，体现在形象的形式上，能为人的审美感官所感知，只有这样才能引起人的审美活动。表演化妆造型所具有的美化功能，是指用化妆材料和工具对演员的发型及面部轮廓、肤色、五官等进行修饰、调整、强调，使演员的形象具有特定的审美价值，观众在欣赏演员的形象和表演时可以得到美的享受和愉悦；同时，通过化妆造型可以增加演员的自信心，这种自信心能够帮助演员更好地完成表演。

作为演员，在很多类型的表演中并不需要通过化妆来改变自己的本来面目，但可以通过化妆来修饰美化自己，塑造出能够为大多数人所接受的美的形象。每一个时代，都会受文化、艺术思潮、流行要素等各种因素的影响，产生属于那个时代的美，化妆造型也因此具有时代的烙印。回顾近代历史中一些著名演艺人物的化妆造型，我们不难看出，不同时期的社会审美标准和造型模式有所不同。例如20世纪20~50年代，人们崇尚性感优雅、具有明显性别特征的美，所以很多演员的化妆造型基本上都是相似的样式，即卷曲的金色短发、弯弯的眉、饱满的红唇、细腻洁白的肤色等，如好莱坞著名影星玛丽莲·梦露、格丽泰·嘉宝、费雯丽等。在这个时期，中国的女明星也同样热衷于类似的化妆，如电影明星周璇、阮玲玉等。

我们跨越几十年后再来看现在的表演化妆，美化形象的功能在大多数人的心目中依然占据显著位置。不管是电影电视演员还是其他行当的艺人，无不对形象关心备至。而现代观众对艺人的喜爱，除了他们的演技之外，也包括对其造型的认同。

演员和观众是相互影响、相互触动的。舞台上审美客体的形象美，作为刺激的信息，直接作用于观众的视觉感官，引起审美反应，这种审美活动又会成为一种反馈，刺激演员，使演员的自信度和表现欲大大增加。尤其在当代社会，年轻人往往会有偶像情结，那些漂亮时尚的明星常常成为追星族崇拜和模仿的偶像。所以，当这些明星要面对他们的观众时，必然会非常关注自己外在的美貌。这种美貌是需要化妆造型来装扮的。

与过去的年代相比，化妆对人的美化功能一直存在，没有改变，但美丽的标准发生了变化，它不再是那么单一，而是更趋多元化。如今，美丽的形象不再有相对固定的模式。这种变化是社会的进步，也是人类审美多样化所带来的结果。

二、再现功能

戏剧和其他表演艺术的美学特征之一是演出过程性与观众直观性的完美统一。和其他艺术相比，表演艺术既表现生活场景，又用形象来展开过程。在这一过程中，人物的表演占有举足轻重的地位。观众正是通过人物的外观形态和语言动作来感受人物及演出所要表达的内容。

化妆具有再现功能，对表演中所要再现的内容主要有如下四种。

1. 历史与环境的再现

戏剧、影视及其他一些表演艺术所要表现的故事，大多发生在一个特定的历史时期和特定的生活环境。生活在这样特定时期和环境中的人物，都有其明显的时代特征。例如欧洲16~17世纪时期的人物在头部的造型上有着非常明显的时代特征。如男性的胡须非常讲究，越是地位高、有身份的男子越是重视胡须的造型。女性也同样如此，贵族阶层极其讲究发型的样式以及装饰，受当时文艺思潮的影响，卷曲的头发样式很受贵族女性的喜爱。因此，采用特定的化妆造型，可以使演员更贴近所扮演的历史人物，符合特定的历史环境和时代特征。又如，当我们在戏剧演出中表现欧洲18世纪的人物时，首先就会想到盛极一时的假发。虽然佩戴假发从16世纪末就开始了，但是直到18世纪才进入全盛时期，以致有人将欧洲的18世纪称为"假发时代"。

再如，在中国戏剧中表现盛唐时期的人物时，化妆造型上的高发髻、白肤色、樱桃小口、面靥以及各种形态各异的眉毛就会使观众有强烈的时代感。

同样，著名剧作家曹禺先生笔下的人物和故事情节也带有强烈的时代特点，而舞台上再现的环境和人物形象也都把观众带到那个特定的年代。在曹禺先生最著名的戏剧《雷雨》中，我们可以从繁漪、周朴园、侍萍、四凤、鲁贵以及鲁大海等角色的造型上清晰地感受到他们所处的那个时代所特有的社会形态和生活环境特征。同样，《日出》中的陈白露、顾八奶奶、胡四、李石清等各种角色，也都是通过演员的表演和确切的造型塑造，再现了时代特征、环境特征，将当时的社会生活场景真实地展现在观众面前。

当然，在以化妆造型来再现历史和环境的创作过程中，不同的时代，不同的艺术家都会以不同的风格样式以及各自的视角来诠释。例如，在20世纪50~60年代的戏曲电影《红楼梦》、1987年的电视连续剧《红楼梦》、2010年李少红导演拍摄的新版《红楼梦》中，在人物的化妆造型上都采用了中国戏曲的元素，但表现的样式却大不相同，戏曲电影《红楼梦》中基本按照戏曲化妆的样式，采用电影化妆手法来表现。87版《红楼梦》的化妆风格由于受到当时港台电影的影响，呈现出与以往明显不同的创作手法，唯美的造型深受当时观众的喜欢。而最新版《红楼梦》的化妆造型，一经曝光便广受争议，但无论是褒是贬，用"戏曲贴片"作为主要化妆元素的风格还是体现了现代艺术创作的多元化与个性化，反映了创作者都以各自的审美理念来再现特定历史时期的人物特征。

2. 身份与地位的再现

在剧情中，演员们扮演着不同的角色，各个角色所拥有的身份一定会在造型上有所表现。如一个知识女性，当她在家庭中扮演妻子和母亲的角色时，她所显露出来的状态更多的是女性的特征；而当她扮演一个特定的社会职业角色时，很可能就会带有明显的职业性特征。观众常常从人物的化妆造型中就可以明显地感觉到人物的社会角色、身份地位和个性特点。例如在电视剧《中国式离婚》中，演员蒋雯丽所扮演的妻子是一个性格急躁、不自信、爱面子、社会地位不高的人物，为了使自己扮演的角色在造型上更贴近人物身份与个性特征，蒋雯丽坚持不化妆，使得皮肤暗淡、脸色憔悴，加上没有修饰的发型和简朴的服装，大大增加了她所扮演的角色的真实性和可信度。

这样的事例非常多。许多优秀的演员在扮演角色的时候，都会把体现人物身份与地位放在重要位置，因为这是帮助演员完美地表现剧中人物不可忽略的关键，而他们出色的角色形象也会令观众印象深刻。

在演出中，观众习惯于根据角色的外在形象来判断人物的一切，从而展开对故事情节的合理想象。这样的理解和联想符合人的审美定势。我们每个人都有自己的生活经历，这种经历往往会影响自己对人和事物的看法和界定。虽然人与人之间会有许多个体差异，但常常会有一定的审美的共性。例如在舞台上，当我们看见一位浓眉大眼、相貌堂堂的男子时，就会联想到勇敢、坚强；而看到一位涂脂抹粉、发式花哨的女子时，对她身份和地位的判断往往会和不正经的职业相联系。

在化妆造型时，发型的变化与服装一样，会对人物的判断产生一定的影响。例如，给一位女演员设计比较规整和传统的发型，观众就会把她和良家妇女联系起来；而如果给一个男演员设计中分头而且抹着亮亮的头油的发型，观众就会把这个形象与"汉奸"联系在一起。同样，脸部化妆的形式也会影响观众对角色的不同判断。

3. 角色年龄的再现

一个人有实际的生理年龄和外表年龄。由于各种各样的原因,生理年龄相同的人在外表年龄上会有很大的差别。其中，人的生存环境对外表的影响非常明显，从而影响到其外表年龄。例如,长期生活在城市中的白领和生活在海边的渔者，无论是皮肤的颜色还是身体的状态都会存在很大的差异。又如《雷雨》中的侍萍，角色的实际年龄并不大，但是由于她的特殊经历以及生活的困苦、贫寒，使得舞台上出现的她完全是一个中老年妇女的形象。因为这样的形象符合观众的联想和想象。同样，干苦力的鲁大海与大少爷周萍的年龄相仿，但由于出身和生活环境的巨大差异，使得人物塑造时，周萍比鲁大海显得年轻。这种年龄的差异可以通过肤色、发型和服装等来表现。

除了外部环境对人的造型产生影响外,健康状况也会对人的皮肤、骨骼、体态、体型等产生影响。例如，一个长期患病的人和一个体格健康的人，在生理年龄一样的状况下，在外表年龄上也会有很大的差别。我们在舞台上塑造人物时，应强调角色的外表年龄，这时，角色的生理年龄已经不重要，因为演员通过所扮演的角色向观众讲述事件、讲述经历、讲述生活、讲述过程时，剧中的故事、生活与工作令角色形成了特定的外表年龄，化妆造型的任务就是再现角色比较真实而合情合理的外表年龄。

4. 人物关系的再现

表演艺术的过程很多是围绕人物之间的关系而展开的，化妆造型所塑造的人物不是完全独立的，人物相互之间的关系不仅体现在台词和表演中，也体现在外表造型上。例如，在苏联电影《办公室的故事》中，女主人公是一个缺少女人味的上司，她和下属的关系是上下级关系，因此，她的形象是高高在上、严肃冷峻的，具体表现在：她的头发很短，配合着中性化服装，语言和肢体动作都非常缺少女性的柔美。但是随着剧情的展开，她和办公室里的男下属产生了恋情。这个时候，她和她的下属不仅仅是工作上的上下级关系，同时也是恋人关系。在这个过程中，女主人公的形象开始有了变化,微微弯曲的发型显露出女性的温柔，服装也强调了女性的曲线，举止也开始变得柔和。观众在观赏影片的时候，不用听台词，光从女主角的发型变化中就可以清楚地感觉到人物关系所发生的变化。造型变化会更加有利于演员的表演以及与观众之间的共鸣。

三、象征功能

在一些戏剧和其他表演艺术中，化妆常常还具有象征功能，比如在象征主义戏剧中的化妆设计。象征主义戏剧是西方现代戏剧流派之一。比利时诗人梅特林克被认为是第一个象征主义剧作家。这一流派的主要剧作家和作品有：梅特林克的《不速之客》（1890）、《青鸟》（1908），爱尔兰剧作家J.M.辛格的《骑马下海的人》（1903），德国剧作家豪普特曼的《沉钟》（1896），俄国剧作家安德烈耶夫的《人的一生》（1906）等。

象征的形象和被象征的内容之间往往并无必然的内在联系。但是，由于人具有想象力，在其作用下，这两者之间便会产生一种可以为人理解的表现关系，使一定的内容可以不必与它原有的、相适应的形式相关联，而是借用那些在外观形式上与这些内容只有偶然联系的事物来表现。这种表现反过来又能使观赏者产生积极的想象力，使之获得创造性的美感享受。

例如在化妆中运用色彩的象征意义就是比较普遍的现象。色彩作为一种象征符号，在人们的审美过程中经常会引起联想和想象。在自然界中，蓝色可以让我们联想到大海、蓝天、平静；而红色的热情、刺激更是为人们所熟知。但是对于色彩的象征性和联想，受到不同文化背景、审美习惯、宗教信仰、生活习俗等主客观因素的制约，经常会对同样的色彩做出完全不同的解释。而伴随着东西方文化的交流和相互影响，文化的差异性象征表示正在减弱。例如白色，在西方一直是纯洁的象征。而中国人一向将红色作为婚嫁的喜庆色彩，而白色则象征着悲伤。但现在的中国婚礼，白色也非常普遍，说明年轻人在接受西方文化的同时，也接受了文化所代表的审美性和象征性意义。

用象征性创造来表达艺术，可以达到特殊的艺术效果，扩大艺术形象的感染力和表现力，因此在化妆造型中经常采用，例如，当我们要向观众传达一个具有象征性的造型时，就会运用某种符号。如塑造一个像狐狸般狡猾的人或像豺狼般凶狠的人，在化妆的时候，就会把狐狸或豺狼的相貌特征运用上去。如向上挑的细眯眼睛和尖尖的小嘴，可能会让观众联想到狡猾的狐狸；而粗黑的眉毛和倒挂的三角眼睛及嘴角等又可能会让观众联想到凶狠的豺狼。在这样的化妆中，就是借用那些与人的品性有偶然联系的事物的外观形式来表现。这种表现反过来又能使观众产生积极的想象活动，使之获得创造性的美感享受。

在大多数的艺术演出活动中，化妆可以帮助演员创造具有个性化的"个体形象"。但是，在中国传统戏曲以及其他一些非写实主义的艺术演出中，表演艺术具有很大程度的假定性和程式化。这样的演出风格决定了剧中角色的化妆造型也要和布景、道具等其他造型元素一样，成为一种象征性的符号，符合整个演出的特定风格。所以，这种艺术风格的化妆便不是单单用来化妆"某一个"人，而是化妆"某一类"人。

可见，这种化妆具有象征功能，是一种象征性的化妆，它以一系列约定俗成的方式作用于观众的感官，具有特定的程式，程式也是一种形式。象征性化妆与个性化化妆的不同之处在于，它不是首先着眼于塑造"哪一个"角色，而是首先确定"类型"。比如中国京剧化妆中的脸谱，先判定是青衣、花旦、老旦、小生、花脸，还是丑角等类型，然后在类型中再去画"某一个"妆。程式化的脸谱勾勒，使观众一眼便可知道演员所扮演的是哪一种类型的人。

面具化妆更是具有强烈的象征功能。美国戏剧家尤金·奥尼尔曾经说过，"面具是人们内心世界的象征"，"面具显然不适用于纯现实主义术语构思的戏剧"。无论是在原始的宗教仪式上，还是在现代的舞台上，面具化妆作为象征性的表现方法，展示着无穷的魅力和生命力。

在戏剧演出和其他艺术形式的表演中，化妆的象征功能随着演出风格的多样化而日趋受到人们的关注与喜欢。具有象征性的造型效果往往比写实的化妆更容易被现代的观众所接受。在世界时装展示舞台上，化妆的色彩与样式常常以一种符号化的形式来配合服装的表演。例如，有的设计师为了突出自己的设计主题，省略了模特脸部常规的化妆形式，而是用一块象征性的色彩或图案来弱化模特本身的容貌特征，并使脸上的色块成为与服装统一的标志。除了面部化妆，发型的处理更是以系列、抽象、符号化的表现形态来显示表演的主题与风格。现代符号化化妆带给观众的象征意义，不像戏曲程式化化妆那样有规定的模式，现代化妆所显示的象征性是创作者与观众在互动的过程中产生的。每个观众的生活经验与审美心理都会对这种象征性有不同的解释。

思考与练习

    1. 化妆的功能有哪些?

    2. 如何认识传统造型与时尚创意?

化妆设计

第二章 中国历代妆饰
P009-P020

第二章　中国历代妆饰

第一节　商周时期的妆饰

因缺少有关商代化妆内容的史料，所以我们对商代妆饰文化了解甚少，尤其是商代时期的化妆几乎无史料可查，保存下来的史料中仅有极少的发型资料。与商代相比，周代的发型、化妆史料则相对较多。结合商周时期的发型资料，可以看到中国发式的发展历程是披发—辫发—发髻。

(a)　　　　　　　　(b)

图2-1　西周披发式（玉雕）

从出土文物来看，披发是古代发型中最古老的一种，尤其在西北地区最为常见（图2-1）。随着社会的发展，男性、女性在实践中都承担了相应的社会角色，披发开始不适应其生活劳作的需求，辫发慢慢开始在社会中流行。现存最早的辫发史料是青海大通县上孙家寨出土的彩绘陶盆中的梳短辫的妇女（图2-2）。除了披发、辫发外，周代还流行梳发髻。周代女子15岁之前梳丫髻，满15岁时，则要将头发挽起盘在头顶，并插上簪子，以示成人，古称"笄礼"。

此外，周代的统治阶级制定了整套的贵族服饰和头饰的礼仪，以此来确定着装者的身份及等级，不同等级者的发式及头饰有所不同，并允许使用假发。另外，周代化妆总体风格以粉白黛黑的素妆为主，红妆并不盛行，故也可以称这个时代为"素妆时代"。

图2-2　梳短辫的妇女

第二节 秦汉时期的妆饰

一、化妆

宋人高承在《事物纪原》卷三中说:"秦始皇宫中悉红妆翠眉,此妆之始也",这里指的是皇宫中嫔妃的装扮。从中可以看出这一时期宫中流行浓艳的妆容。

1. 眉妆

眉毛的刻画是秦汉时期妆容的一大特点。画眉的习俗,早在战国时期就已出现,如《楚辞·大招》中就有"粉白黛黑"的记载。黛是石黛的简称,是一种画眉的材料。石黛是一种矿物,磨成粉末状,然后加水调和后使用。到两汉时期,修眉风气非常盛行,当时有长眉、远山眉、阔眉、八字眉等,形成画眉史上的第一个高潮。

(1)长眉:为汉代流行于贵族女子中的一种眉妆。湖南长沙马王堆汉墓出土的木俑的脸上即有长眉入鬓,其特点是纤巧细长,可见长眉在汉代非常流行(图2-3)。

图2-3 长眉

(2)八字眉:汉武帝刘彻曾"令宫人扫八字眉"。这种眉妆因眉头抬高,眉梢部分压低,形似"八"字而得名(图2-4)。

2. 唇妆

早在商周时期,中国社会就出现了崇尚妇女唇美的妆唇习俗。自汉至清,妇女点唇样式丰富多彩,有数十种之多,但古代女子点唇的样式,一般以娇小浓艳为美,俗称樱桃小口(图2-5)。

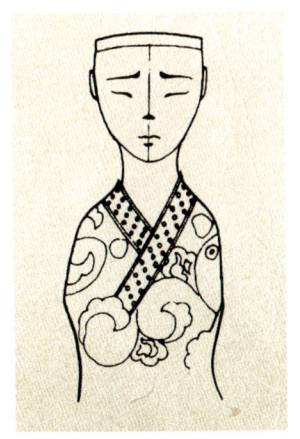

图2-4 八字眉

二、发式

秦汉时期女子的发式已经发展得非常成熟,发髻形制可谓样式繁多。

(1)椎髻:秦汉时期最盛行于世的女子发髻是椎髻,在整个秦汉时期的女子发式中,椎髻一直占主导地位。椎髻因其样式与带把的木制锤子十分相似而得名(图2-6)。这种发式主要用于普通劳动妇女中。

(2)堕马髻:垂髻的一种,这种髻式与椎髻比较接近,但堕马髻需要在髻中另分出一绺头发,并朝一侧垂下,给人以发髻松散飘逸感,因酷似从马上跌落后发髻松散下垂之状,故而得名(图2-7)。

(3)高髻:汉代女子除了盛行梳垂髻外,高髻在此时也开始流行。高髻在汉代是宫廷嫔妃、贵族小姐所梳的发式。而且出席如入庙、祭祀等比较正规的场合时,是一定要梳高髻的。比较著名的高髻有环髻(图2-8)等。

图2-5 樱桃小口

从劳动女子采用椎髻，贵族妇女采用高髻来看，秦汉时期贵族与平民的发式有很大的差别，妆饰是少数贵族妇女的特权。

图2-6　椎髻　　　　图2-7　堕马髻　　　　图2-8　环髻

第三节　魏晋南北朝时期的妆饰

魏晋南北朝时期基本上处于动乱分裂状态。社会动荡不安，经济遭到破坏，大批北方人向南方迁徙，与此同时，少数民族入主中原，并与当地的汉族相互杂居，使得各民族之间的文化与生活习俗相互影响，促使这一时期的民风民俗发生了极大的变化。

一、化妆

佛妆：是一种深受佛教影响，从佛像上得到启示的面妆，其特点是以黄色颜料染画于额间，将自己的额头涂成黄色，故名"额黄"，这就是魏晋南北朝富有创意的"佛妆"。可见，"额黄"的流行与当时佛教文化的流行有一定的关系。南北朝时期，佛教在中国进入盛期，大江南北掀起崇佛的热潮。据《后汉记》记载：佛身长一丈六尺，黄金项中佩明光。变化无方，无所不入，故能化通万物而大济众生。额黄的出现，不仅打破了传统的妆饰形式，也是对原有妆饰审美样式的突破（图2-9）。

图2-9　额黄

二、发式

自魏晋南北朝开始，汉代女子的垂髻已经渐渐消失，开始流行高髻。在中国古代，妇女发髻的样式虽然丰富，但总体上也不外乎两种类型，一种梳在颅后，另一种梳在颅顶。与梳在颅后的垂髻相比，梳在颅顶的发髻要高些，于是有"高髻"之名。这一时期具有代表性的发式有《洛神赋图》中的灵蛇髻，还有飞天髻、丫髻、螺髻、十字髻、惊鹤髻等。

（1）灵蛇髻：始于三国时期，流行于魏晋南北朝。相传为魏文帝皇后甄氏所创。灵蛇髻的特点是像灵蛇那样盘曲扭转，故以"灵蛇"为名。这种发式在传世绘画中还能看到，如东晋顾恺之所绘《洛神赋图》中的洛神发型就是灵蛇髻（图2-10）。

（2）飞天髻：由灵蛇髻演变而来，受佛教壁画中飞天形象的影响，故名飞天髻。飞天髻的梳理方法是将头发集中在头顶，然后分成三股或多股，每股弯成环状，直冲而上（图2-11）。

图2-10 灵蛇髻　　图2-11 飞天髻

图2-12 丫髻

（3）丫髻：古代儿童和未成年男女所梳发式。梳丫髻是一种代表未成年的标志（图2-12）。

（4）螺髻：北朝崇尚佛教，根据传说，佛发多作绀青色，长一丈二，向右萦旋呈螺形，因此称"螺髻"（图2-13）。

（5）十字髻：在晋时也很流行，这种发式是先在头顶前部挽出一个实心髻，再将头发分成两股，每股各绕一环垂在头顶两侧，呈"十"字形，脸的两侧还留有长长的鬓发（图2-14）。

（6）惊鹄髻：（晋）崔豹《古今注》中载："魏宫人好画长眉，今多作翠眉惊鹄髻。"这种发式兴于魏宫，流行于南北朝，至唐及五代仍盛行不衰（图2-15）。

总之，魏晋南北朝女子发式的形态，大多是把头发盘于头部顶端挽成环形，高耸尖顶，呈现凌空摇曳之状，此时的发型外部形态多以线形为主，由不同的曲线组成环状，有一环、两环、多环，线条轻盈流畅，摇曳于空中，极富动感，体现了女子灵动秀美、飘逸妖娆的美态。

图2-13 螺髻　　图2-14 十字髻　　图2-15 惊鹄髻

第四节　唐朝时期的妆饰

唐朝是中国封建文明的鼎盛时期，疆域辽阔，经济发达，文教昌盛，无论是经济还是文化在世界上都占有一席之地。而且，唐朝与世界各国的使臣、异族同胞亲密往来，对外交流频繁，中外经济文化的往来、交流也促进了妆饰文化的发展。丰腴雍容中的雅致，正是盛唐美人所独有的，唐朝的繁荣，绽开在那些花样面容上，流光溢彩，令人颠倒迷醉。

一、化妆

1. 面妆

（1）洒晕妆：唐朝流行浓艳的红妆，红妆中最为浓艳者当属洒晕妆，亦称"醉妆"，这种妆先施白粉，然后在两颊抹以浓重的胭脂（图2-16）。

（2）桃花妆：其妆色浅而艳如桃花，花钿如桃花状而得名（图2-17）。

（3）飞霞妆：其妆色浅淡，比较自然，多见于少妇使用（图2-18）。

（4）胡妆：唐朝当时比较开放，对外文化、艺术交流频繁，尤其与少数民族亲密往来。在化妆领域，亦出现了具有异域风情的胡风妆饰（图2-19）。

图2-16 洒晕妆　　图2-17 桃花妆　　图2-18 飞霞妆　　图2-19 胡妆

图2-20 额黄、花钿

2. 面饰

（1）额黄：额黄在唐代尤为盛行，这一时期，额黄的外部形态如花朵、花蕊一般，额黄与眉式相匹配，或高或横向发展，色彩有深浅的变化，花姿妖娆，异常艳丽，极富想象力（图2-20）。

（2）花钿：花钿之俗从秦汉之初的简单的一个圆点发展到唐代已经有各种花鸟飞禽以及各种抽象的图案了。花钿与额黄在妆饰部位上非常相似，都是以修饰额部为目的（图2-20）。

（3）斜红：斜红之俗虽然始于南北朝，但却并未普及，直到唐代才开始广泛流行。斜红一般描绘在太阳穴部位，有形如弦月者，也有状似伤痕者（图2-21）。唐朝末期，斜红逐渐销声匿迹。

（4）面靥：面靥在唐代盛行一时。起初面靥是点于嘴角两边的酒窝处，通称笑靥。盛唐后，面靥的样式变得更加丰富：有的形如钱币，称为钱点；有的状如杏桃，称为杏靥；有的制成各种花卉的形状，俗称花靥（图2-21）。

晚唐五代之时，妇女的妆饰风气更是疯狂，有人认为晚唐时期的妇女妆饰，已经超越了一般审美的范畴，妇女对装扮已经是如痴如狂。唐朝妇女对装扮大胆追求，超凡的想象力把原本以实用性、修饰性为目的的装扮行为上升到一种

图2-21 斜红、面靥

艺术审美活动。这一时期唐朝妇女打破了传统审美观念，建立了属于自己的审美尺度与标准，不但为中国历代妆容史留下了最璀璨光辉的艺术财富，也影响着世界各国，日本、韩国就是深受其影响的国家。唐朝的妆饰一直到今天都是造型师艺术创造的灵感源泉。

二、发式

唐朝是我国发式发展的辉煌鼎盛时期，发式作为妆饰的一部分，在继承传统发式的同时，唐朝妇女创造了很多丰富多彩的高髻发式造型，充分体现了这一时代的审美风尚。

（1）惊鹄髻：惊鹄髻的前身是流行于南北朝的惊鹄髻，梳理方法是将长发盘成惊鸟双翼欲展的样子，用棉或丝带缚住，矗竖于头顶，这种发式在唐代颇为流行（图2-22）。

图2-22　惊鹄髻

（2）反绾髻：有两种形式，一种采用双高髻的形式，为了使头发不下垂而从头的两侧各引出一绺头发，并向头后反绾，然后高矗于头顶。另一种则不属高髻，只是集发于后，绾后一髻。这是初唐较为流行的一种发髻（图2-23）。

图2-23　反绾髻

（3）螺髻：螺髻在魏晋南北朝时期就出现了，在前面的发式介绍中已经提到，这种发髻在唐代盛行于武则天时代，并有双螺髻、单螺髻之分。魏晋南北朝时期的文化艺术思潮对唐朝影响很大，唐朝继承了很多魏晋南北朝时期的妆饰习俗，螺髻就是其中有代表性的一种（图2-24）。

（4）双环望仙髻：该发式由正中分发，将头发分成左右两股，于底部各扎一结，然后将发弯曲呈环状，发梢编入耳后发内，是少女发式的一种（图2-25）。

（5）半翻髻：其形状像翻卷的荷叶，尤从侧面看时最为相似。梳发时自下而上，掠至头顶，然后朝一侧翻转。其髻高矗顶部并向一边倾斜（图2-26）。

图2-24　螺髻

图2-26　半翻髻

总之，唐朝是我国梳高髻鼎盛时期，无论是从高度还是优美的造型以及华丽的发饰，都是前无古人的。唐朝除了以上具有代表性的发式外，还有大家非常熟识的在唐代绘画作品中经常描绘的娥髻（图2-27）和抛家髻（图2-28）。

图2-25　双环望仙髻

图2-27　娥髻　　图2-28　抛家髻

第五节 宋朝时期的妆饰

宋朝是一个崇尚理学思想的朝代，这种思想与魏晋时期所崇尚的玄学思想有所不同，它追求理性之美，体现在艺术上，则追求一种含蓄素雅之美。例如国画中的水墨淡彩，陶瓷上的单色釉。宋代妇女妆饰由于受当时社会文化影响，在审美观上也发生了巨大的变化。

一、化妆

宋代妇女崇尚典雅端正、精致清秀之美。因此，从眼影、胭脂到唇色，其妆色一反唐代浓艳的色彩，呈和谐自然的色彩。妆容的形态摒弃唐代夸张的线条而变得柔和含蓄。宋代眉型的样式也很繁多，但大多数妇女还是选择纤细秀丽的蛾眉为主，眉毛的色彩以棕色居多。宋代的唇妆样式简单，以樱桃小口为美，唇色自然润泽（图2-29）。

图2-29 宋代大礼时的妆饰

二、发式

宋代妇女发式虽不像唐代那般华丽高耸，但也独具风格。女子除婢女、丫鬟头上梳双鬟、丫髻或绾两个元宝发髻之外，一般流行戴花冠和盖头，这是当时追求美的重点，最能表现宋代装扮的独特之美。

宋代妇女喜欢在发式上插戴簪花，根据不同的发式、季节、身份，插戴不同的花朵或类似花朵的饰物，如绢带或绢布尖的饰物。宋代常见发式有：

（1）朝天髻：在北宋期间甚为流行。其梳理方法为将发拢上，束结于顶再反绾成朝天的高髻。据记载，"宋理宗朝宫妃梳高髻于顶，曰：不走落，号朝天髻"（图2-30）。

（2）流苏髻：在发髻根部系扎丝带，丝带垂下如流苏（图2-31）。

此外，宋代妇女不仅喜戴簪花，而且也爱戴高冠、花冠和头巾（图2-32）。北宋时，花冠式样十分丰富，并且流行戴真花或仿真花等，宋代女子佩戴花饰是非常普遍的；头巾在这一时期也非常流行，图2-33中的发式就是花饰与头巾的结合。

图2-30 朝天髻　　图2-31 流苏髻　　图2-32 高冠　　图2-33 花饰与头巾的结合

第六节 元朝时期的妆饰

元代统治者对中原文化没有采取对抗与遏制的政策,而是采取秉承与学习的态度。在统治阶级的赞赏和提倡下,宋代的文化、艺术等被传承下来,并有了一定的发展。

一、化妆

元代的妆饰除了传承宋代端庄、素雅的审美风格外,还汲取了大量少数民族的审美元素。其中,最具代表性的为《历代帝后像》中的元代后妃形象,即朴质圆润的脸庞、别具一格的一字眉、点染成樱桃般的小嘴。

二、发式

元代蒙古族贵妇中,最具特色的头饰称姑姑冠。《历代帝后像》中后妃所戴的头饰就是姑姑冠,姑姑又名故姑、顾姑,皆由音译而来。姑姑冠是元朝后妃贵妃所用的发式(图2-34)。

图2-34 姑姑冠

第七节 明朝时期的妆饰

明朝从开国初始就极力推行唐宋旧制,消除北方游牧民族文化(包括服饰在内)的多种影响,希望恢复汉文化的传统。

一、化妆

明代女子的妆饰在这样一种复汉文化的整体氛围下,继承了宋代简约、淡雅的妆饰风格。例如,明代女子点唇承袭宋代的习俗,仍以樱桃小口为美。施粉与涂胭脂永远是女子的最爱,这一时期女子的妆粉开始有春夏与秋冬之分,妇女们按季节选择护肤产品(图2-35)。

二、发式

明代女子发式在高度上不如前面的朝代,总体偏于低矮,发髻的位置由头顶逐渐向颅后偏移,这种趋势到清代更为明显。

图2-35 明代大礼时的妆饰

（1）牡丹头：是一种蓬松发髻，梳时先将头发掠至头顶，以丝带或发箍结系根部，然后将头发分成数股，分别上卷于头顶心，另以发簪绾住（图2-36）。

（2）杜韦娘髻：是嘉靖中乐伎杜韦娘创造的一种低小尖巧的实心髻。由于髻式实心低小，所以不易蓬松，因而一直保持其形态，是当时吴中妇人喜欢梳理的发型（图2-37）。

（3）松鬓扁髻：明末清初汉族妇女的一种时髦发式。清叶梦珠《阅世编》称："崇祯年间，始为松鬓扁髻，发际高郑，虎朗可数，临风栩栩，以为雅丽。"所谓"松鬓"，并不单指两鬓，实际上连额发也包括在内，给人以庄重、高雅之感（图2-38）。

（4）头箍：明代女子开始逐渐流行起戴"头箍"的风尚。头箍亦称发箍、勒子、包头，以金属、布帛或兽皮等为之，既是妇女一种额饰，也形成了特定的发式效果。这种头箍之所以会在明代开始广为流行，一来可作为装饰，二来在冬季也兼具保暖之用（图2-39）。

图2-36　牡丹头

图2-37　杜韦娘髻

图2-38　松鬓扁髻

图2-39　头箍

第八节 清朝时期的妆饰

清朝是我国历史上又一个少数民族统一全国的朝代。满族人入关后，希望通过文化的渗透来征服汉族人民，在服装形象上进行了强制性的改革。

一、化妆

清朝女子的妆饰风格，整体趋于简约、清淡、素雅。

清朝女子虽然略施脂粉，以简约的淡妆为主，但胭脂的使用非常讲究，女子涂胭脂不像唐代艳丽夸张，但对胭脂质地和色彩要求极高，胭脂的色彩与肤色和妆面的色彩需自然和谐。

图2-40 清代女子唇妆

清代女子的唇妆出现了一种非常奇特的样式，即上唇涂满口红，而下唇则在中间的位置点上一点红色的口红，这样的唇妆在清代宫廷中非常流行（图2-40）。

(a)　　　　　　(b)

图2-41 一字头

二、发式

清朝妇女发式受到满族风俗影响，具有少数民族的特色，发式别具一格，如一字头、大拉翅。除了具有少数民族的特色发式外，清朝女子发式还继承发扬了明朝的发式风格，比较流行的有荷花头、大盘头、螺旋髻等新颖漂亮的发式。

（1）一字头：清朝的贵族和满族的妇女大多梳一字头，也就是后来的大拉翅，参加典礼的时候两边还挂着大红髻，显得威风八面（图2-41）。

（2）大拉翅：具有扇面状的中空硬壳，高度约一尺，下方是头围大小的圆箍，以铁丝做架，布袼褙（糨糊粘合起来的多层布）做胎，表面包裹黑色缎子或绒布。大拉翅的表面可以插绢花、簪、钗等众多装饰，有时候侧面还悬挂有流苏（图2-42）。

（3）荷花头：属于一种高髻，与牡丹头相似。因其造型神似荷花而得名。梳挽时将发掠至头顶，以丝带或发箍系结根部，然后将头发分成数股并分别上卷于顶心，以簪钗固定（图2-43）。

（4）大盘头：自清代中期开始，汉族女子崇尚的高髻逐渐消失，发髻多盘于头后。例如大盘头，这种发式将发汇集为一束，在头后盘旋成扁圆形，侧看头部犹如顶一圆盘（图2-44）。

图2-42 大拉翅

（5）螺旋髻：发髻在头后呈螺旋式，是当时南方江浙一带妇女常见的发式（图2-45）。

图2-43　荷花头　　　　　图2-44　大盘头　　　　　图2-45　螺旋髻

思考与练习

1. 简述中国历代妆饰对现代时尚造型的影响。
2. 以中国历代妆饰特征为元素，延伸设计一组时尚复古妆容。
3. 调研唐朝妆饰对日本古代女子形象的影响。

第三章 西方历代妆饰
P021-P037

第三章　西方历代妆饰

第一节　古埃及时期的妆饰

非洲北端的尼罗河流域孕育了世界三大古文明之一的古埃及文明。由于地理环境、气候条件和物产等各种因素的影响，使得古埃及人的妆饰艺术更多反映的是自己的生存需要。这是古埃及妆饰产生的先决条件，而决定了古埃及妆饰艺术审美趋向的是人文环境，即古埃及的宗教艺术和政治因素。

古埃及宗教是艺术和审美的原动力，古埃及人具有万物有灵的观念，敬奉很多神，相信人死后会去另一个世界继续生活，所以他们建造巨大的金字塔作为统治者的陵墓。古埃及人崇拜太阳神，认为凡是与太阳和光相联系的东西都有一定的美感和美的价值，因此他们很多的艺术形式都和太阳有关。而古埃及在历时几千年的法老统治下，其社会结构一直是专制王权统治的奴隶制社会，所以我们在很多的古埃及艺术中看到了稳定和程式化的特点，其艺术形式始终沿用同一法则，即追求形式上的完整性和服务于统治者需求的功能性。

一、化妆

古埃及的化妆术起初是祭祀阶层的特权，随着权力的转移而逐渐被贵族阶级模仿，甚至取而代之，身体的化妆属于每日社交礼仪的一部分，大多数由奴隶来帮主人完成，古埃及人将化妆由一件私人的事情变成了繁复的仪式，那些精美的容器和化妆用具绝不亚于今天。各式各样的彩釉瓶、水罐、化妆盒、剃刀、棕叶扇、象牙梳、各种型号的刷子、磨制发亮的镜子等，还有保存贵重化妆品的精美亚麻或皮革小袋子，化妆品只是在使用的时候才从袋中取出一点，压成粉后用湿润的小刷子涂在脸上。

古埃及因为靠近沙漠，需要抵御炎热、干燥的气候和蚊叮虫咬，因此很多古埃及人将脸部涂成红色或深赭色，还在皮肤上抹上动物的油脂，如乳香油膏，以防止身体汗液的大量流失。古埃及贵族化妆程序为：先在身体上涂抹尼罗河泥（泡碱）进行沐浴，再涂抹一种由漂白黏土与灰混和而成的糊状脱落剂，冲洗之后再用香油进行按摩，而后往身上抹一种近乎镀金的赭石色涂油，太阳穴及脚部以蓝色衬托，蓝色与亮丽的金黄色形成冷艳对比。眼部先涂眼线，并以鱼的形状向眼角延伸，再涂上色调强烈的眼影，眼影用多种研碎的宝石制成，其材料除了孔雀石、绿松石外，还有硬陶土、碳、铜的黑色氧化物，然后补上乌黑有型的眉毛，眼睫毛有的加黑，有的去毛。然后双颊涂以粉红，嘴唇涂玫瑰色或胭脂红，使圣洁的面庞透出光泽。手指甲和磨亮的脚趾甲涂上植物色素做成的染料散沫花，其形状既具有象征意义又可防止沙漠尘土，最后在头顶上戴一突起的锥状物，内含的香料随日光照射逐渐溶解，并顺着身体流淌而遍布全身，香喷喷的化妆即告完成。

1. 眼妆

古埃及人男女的眼妆十分精致，用黑墨将眉毛画得既黑又粗，并形成优美的拱形；使用黑色、绿色、蓝色或灰色的颜料描画出眼睛的轮廓，将眼线画成杏仁形，并延长至太阳穴和发际（图3-1）。据科学家对古代木乃伊的研究考察，古埃及人的眼线墨的主要成分是孔雀石，其中含有锑元素。孔雀石有杀菌消炎的作用，可以预防沙漠眼病，维持泪腺发达，还防止飞虫的入侵。而孔雀石在古埃及也意指太阳神何露斯（圣鹰）之眼。

图3-1　古埃及眼妆

2. 假须

古埃及男人的胡须长度和形态都是按照身份、地位等级来划分，长须都为假须，只有权贵才能戴。在参加国家庆典活动时，王室贵族成员戴短而粗的假须；诸神的胡须末端向上卷曲；帝王、高官戴筒状的假须。与权贵者依等级戴假须相比，没有社会地位的人最多也只能留很短的胡须，而奴隶是不允许留胡须的。

二、发式

1. 假发

古埃及的统治者为了维护王者的权威和高高在上的权势，通常利用假发来装扮自己，使自己与平民之间拉开距离，形成等级。由于宗教的原因，同时也为了清洁，在一般情况下，古埃及男女的头部都是全部剃光，也有女子剪很短的头发。然后为了防晒和美容，古埃及人又用人发、动物毛发或植物纤维制成假发套进行装饰（图3-2），并用网衬加以固定。假发的长度和形状往往是显示地位、身份和性别的标志，假发的材料和制作也有等级之分。高贵的人用真人的头发、金银饰品、香料、甚至金粉等制作和保养假发；而平民则可能用羊毛、棕榈树皮、甚至干草来制作假发。男性假发较女性假发短些，一般长至肩部，女性则长至胸部。

图3-2　古埃及假发

假发以黑色为主，最典型的埃及假发式样为爱神哈索尔假发，这种假发由三部分组成，一部分从额头至头后中部垂下，其他两部分各从两边延及胸部。这种假发戴起来应该比较容易，三部分自然连成一体，耳朵却没有被遮盖住，这样会使戴假发的人凉爽很多。假发上通常还会有一根饰带，既固定假发又象征某种等级。

2. 女子发式

古埃及女子将前额低与美丽等同起来。在她们佩戴假发的时候，总是用发带或者头箍将头发压得很低，使得前额几乎完全被遮盖。当时的科技非常落后，年轻女子的假发短而密集，为了获得水平波浪的小卷，人们发明了改造发型的土方法，即用泥土把假发裹卷起来，放在强烈的阳光下暴晒加热，使头发形成卷曲状，这种方法可以说是烫发的起源。新王国时期妇女的假发最密、最长，假发的装饰也更加精美，样式各异。女神和王后戴着蓝色的假发，浓密光洁。由于女子的假发较男子假发密且长，所以佩戴时非常热，因此古埃及贵妇们常把蜡制的香膏堆在头顶上特制的帽盆中，香膏逐渐融化，香气四处飘逸，融化的蜡也可带来凉爽的感觉。

古埃及女子重视帽子，王后有不戴假发，直接头戴平顶筒状王冠的，如著名的18朝法老阿门诺菲斯四世的爱妻奈菲尔提蒂，这样既可显露优雅的颈部，又十分凉爽。古埃及女子还戴头巾型帽子，是用有刺绣装饰的木棉、亚麻及厚羊毛制作而成，上饰莲花、睡莲和蛇形图案，莲花象征富饶，最为女子所喜用。帽子有时还饰有羽毛，它也是支配者的象征。

除了帽子之外，女子还有许多其他头饰，如女神头饰上饰有阿蒙神的两片羽毛和象征太阳神的太阳球。伊西斯女神头上的两只哈瑟圣牛的尖角，则呈环状围绕着圆圆的明月，这样的头饰都具有象征意义。王后的头饰兀鹫标志着王后的最高权威，其形象安然适弥，双翼的末端贴在前胸，奉为神主的眼镜蛇头部，竖立在额头上方。（图3-3）

(a)   (b)   (c)   (d)

图3-3 古埃及女子发式

第二节 古希腊、古罗马时期的妆饰

古希腊与古罗马时代是古典文明的象征，也常常会让人们将这两个时代与神圣和优美相联系。

爱琴海的滋养孕育了西方的文化，古希腊文明具有独特的智慧特征，和谐与平衡的审美基调体现在古希腊的一切艺术之中。古希腊人拥有洒脱、浪漫和富有诗意的气质，从而其审美观也是高层次的，推崇自然、潇洒与和谐之美，认为绘画、建筑、雕塑是艺术，服装与美发也是艺术，他们欣赏、崇拜裸体，尤其是健壮匀称的裸体。

从古罗马的发展史看，罗马文明和希腊文明有着密切联系。当罗马人征服希腊以后，更是对希腊的艺术大加推崇发扬，并与罗马艺术融会贯通。在宗教上，他们更是拥抱了希腊奥林匹亚众神，只是给他们改了名字，宙斯成了朱庇特，阿芙洛狄变成了维纳斯。

一、化妆

1. 古希腊时期的化妆

古希腊的美不在于人体肌肤的化妆，也不在于人工雕琢，而是讲究整体与局部的协调匀称，体型比例的一致，不强调多变的色彩，适量便是美，倘若体型异常，便会借以形成自然美的体能运动来矫正。古希腊人非常注意面部和身体的肌肤保养，男女都以土荆芥植物做的香料沐浴，然后往身上擦香油和浸膏进行按摩，使用添加橄榄油的面膜，并大量使用香水。

希腊语很早就区分美容术与化妆术了，美容术指梳妆艺术、卫生保健、保护的医学技术，而化妆术则指虚伪与过度的粉饰。化妆术传统上属于妓女和男同性恋者所使用的一种技术，而美容术是一门学科，属于医学的一部分，目的在于保持身体的自然。依据古希腊神话，女性的美受两位希腊女神保护，典雅温柔的阿芙洛狄和致命诱惑的潘多拉，浓妆艳抹的妇女反映潘多拉的形象，表现出破坏自然和谐、违背自然的过度美。所以在希腊教育里，体操运动可以形成健美的肌肉，结合香油的按摩及头发、胡须的保养，便可塑造出自然美。胭脂只会制造假象、虚伪及错觉，它只提供一个短暂、失真又无意义的美。

男权社会的希腊自公元前6世纪起，立法禁止女子身体彩绘，认为装扮使女性体态趋向堕落。妇女只能在室内活动，因此皮肤极为苍白。到了公元前4世纪之后，美容逐渐解禁，但是女子化妆时还是大多喜欢惨白的肤色，不过要配上用鲜艳的铅丹画成的红唇和面颊，形成强烈的对比。此时的妇女喜好浓密的眉毛，用烟黑涂抹眉毛和眼睫毛，将两条眉毛连画成一条是典型的希腊式眉毛，甚至还有眉毛稀少者贴一条又长又弯的假眉毛。然后在脸上涂上黄白色的天然橡胶浆，再用铅白粉涂抹整个面部，使皮肤白皙漂亮。再用番红花或灰状物涂抹眼部，用阿见草或植物性、矿物性红色胭脂铁红粉涂抹双颊，以调和白色铅粉并形成红晕，此外还混合使用朱砂和油膏涂抹嘴唇。

2. 古罗马时期的化妆

古罗马人继承了许多古希腊人的化妆习俗，相对于古希腊的美容术，在古罗马则是装饰术，且过犹不及。古罗马共和时期的女子不好化妆，皮肤都是粗糙且红彤彤的。到了帝国时期，古罗马的女子开始渴望雪白的肌肤和朱红的双唇，古罗马诗人马提雅尔甚至形容："即使到就寝时她们也不愿意'素面朝天'"。

古罗马的贵族女性晨间梳妆繁琐复杂，全身凡有孔之处必须清洗，刮擦、揉搓，用一种刮毛的工具刷洗全身，并且除毛，除毛部位包括胸膛、手臂、腋下、大腿、嘴唇上方、鼻子里等，牙齿用磨碎的角质物磨完，用香片使口气芳香，脸上的痘或疣以假痣盖住，涂上恰如其分的铅白，用阿见草根混合朱砂、铅丹制成胭脂来染红双颊和嘴唇，并且仍然强调眼部，喜欢用墨黑的颜色精心描画眉毛和睫毛，抹上用锑或番红花制成的眼影，使自己看起来显得浓眉大眼，更为健康而富有魅力。罗马皇帝尼禄的妻子波佩每天早上梳妆时需要动用约100个奴隶。她用黑麦粉、马鞭草叶片粉末、蜂蜜及驴奶打底，还发明出一种美容面膜。

与古罗马女贵族繁复细致的化妆相比，古罗马男子锻炼出一身自然不造作且经日晒而成的古铜色肌肤，彰显了健康的男性美。构成男性美的条件除了肤色外，还有清新的外表、整理干净的胡子、剃除不雅观的体毛以及口气清香。虽然古希腊男子以大胡须为美（图3-4），但古罗马男子不再以大胡须为美，他们早在公元前四五百年就开始流行修面，上流社会白净无须的脸庞是当时的时尚，被认为是修养和文明的象征。

二、发式

1. 古希腊发式

古希腊人喜爱蓄发，早期的发型崇尚自然美，头发也是很随意地披散着，不仅女子流行卷曲波浪状的长发，连男子头发也是长而卷曲的。后来又比较流行用带子和头巾将头发固定成某种样式，使得男女头发既低低地压在前额，同时又低低地压在后颈上。男子一般在头部束发带（图3-5）。女子则长发中分，以发带缠头1~2周，有的将头顶上的头发盘成帽子的形状，扣合在用其他头发扎成的一只花环中；有的将头发向头顶梳拢，紧紧捆扎在一起；有的将头发分成几缕从前额向头后梳拢，在头后打结梳成发髻。此外，女子喜用金银、宝石制成的精美饰物或动物骨头当发针，还在头发上插有美丽的梳篦，并用精致的发网。

图3-4 古希腊的男子胡须

由于古希腊人喜爱运动和健康美，所以由发带系成的头发样式有的像赛跑时的运动员，有的像燃烧的火炬。同时，古希腊时期还延续着古埃及的审美观，认为小额头好看，所以男人和女人都会把发带压在前额的头发上，以形成自己喜欢的窄而小的额头。

2. 古罗马发式

古罗马男子头发短而卷曲；女子的发型则与古希腊非常相似，但有一个比较明显的特征就是更喜欢发髻。古罗马共和国时期的女子发型为长发中分，呈轻微的波浪状，梳向头后扣结或梳成一束并贴靠在背后颈部。后来变化为先将前半部的头发梳向前额，再回梳到后面，有时将其膨胀部分梳成若干根小发辫，再将小辫分成两部分，下垂于耳朵两侧，然后将覆盖两耳之后更长的发辫梳向头后，盘成一个较大的发髻。

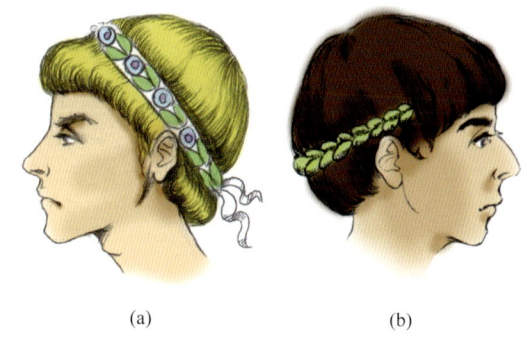

图3-5 古希腊的男子发式

在古罗马，自由飘逸的头发是处女的标志，未婚少女喜欢将发编成一个独辫，经过头冠直垂于头后；把头发遮挡起来是已婚妇女的标志，新娘和修女将头发梳成高高的发冠形状，于头顶固定，然后用大面纱加以覆盖；妓女的头发是个例外，长发披肩，不加掩饰，并且喜爱用藏红花染成金色。

到了帝国时期，原本比较简单的发髻样式越变越精巧复杂，女子的头发还会用棕色的印度发或金色、红棕色的日耳曼发加以补充。由帝国奥古斯都皇帝的妻子莉维雅开风气之先，带头在眉头上方盘一个发髻，做成一个精致的花朵形状，两侧的头发卷曲后翻向头后，再用同样的方法梳理成发髻。她发明的这个发型很快流行起来，成为妇女纷纷效仿的发型样式。此外，头顶和前额部位也做成棚架式发型，发端打成短卷，贴在棚架发型上，其余头发梳成一个大辫，在颈后绕成一个大发髻。

公元3世纪，古罗马女子的流行发式是将全部头发梳至头后，有时还将耳朵覆盖，头发呈回折梳拢状。女子的头发平整地梳在背后，有梳成长而大的辫子，也有将头发编成两层小辫，再合成若干股，垂落到脚踝。

  公元1年起，古罗马出现了一种称为"奥比斯"的发型：在头顶正前方堆叠起一堆圆形小发卷，做得十分精致，一层又一层，用丝线把每一层头发都做出新月的形状，直到全部头发在前额上方像宝塔一样垒起来，用金属框架搁在耳朵上，远看就像一顶高高的圆拱形帽子。头顶的小卷以假发为主，而发鬓角处的头发一般是自己的真发。一小卷一小卷头发分挂在额头至两耳处，假发起到一个支撑的作用。这些极为华丽的卷曲发型只有在正面才能看到，上流社会的贵妇们在重要场合会很严肃地展现，始终把自己优雅的正面展现在人们的视野里，而将头后部结构复杂的、脚手架似的头发掩藏起来（图3-6）。

(a)   (b)   (c)

(d)   (e)   (f)

(g)   (h)

图3-6 古希腊、古罗马的女子发式

第三节 文艺复兴时期的妆饰

文艺复兴时期，人们非常注重外表形象和人体比例。理想的身长比例为七个半头或八个半头，从脸、胸、四肢到整体的表达，均依据美学的习惯与标准。理想的体型不再是纤细柔弱，丰满、圆润、有着黑色大眼和健康肤色的女性成为了美的化身。

文艺复兴时期欧洲最显赫的美第奇家族热爱艺术，当这个家族为达·芬奇等著名画家、艺术家提供资助时，家族中的女性明星凯瑟琳则在引领美容和服饰方面起到了重要的作用。当时开始出现了类似今天的美容协会，它专门组织设计师负责发明和推广各种新型的美容产品和配方，凯瑟琳和许多皇宫贵族的小姐、夫人都是它忠实的会员。

一、化妆

受当时艺术界的影响，女子美的标准是椭圆脸、尖挺的鼻、完美的圆形拱眉，唇宽与鼻齐，上下唇的比例是 1∶1 或 2∶3。不符合理想脸部比例的女性，就不断通过涂脂抹粉为自己创造一种幻想美。妇女们把发际线尽量提高，更有甚者把眉毛剃掉，以显示她们宽阔洁净的额头，它代表着纯洁、健康和智慧。

随着印刷机的发明，面向女性的美容书籍相继出版。其中，特别畅销的一本是 1582 年出版的《人体化妆修饰艺术》，作者是吉恩·里鲍特，这是一位深谙女子化妆术的作者，在此书中总结了许多化妆品的配方，包括面部化妆品、沐浴用品、头发清洁护理用品等，还有制作发型的各类工具，非常专业。这本书直到 17 世纪仍备受爱美人士的推崇。文艺复兴时期的化妆简炼而精致，并且具有一定的特点。

1. "三白+三黑+三红"原则

文艺复兴时期的化妆有"三白 + 三黑 + 三红"的原则，三白是皮肤白、牙齿白、手白；三黑是眉毛黑、眼线黑、睫毛黑；三红是嘴唇、脸颊和指甲红。三红和三黑又要求化妆极其自然，而非浓重的色彩，妇女们抹白粉，涂口红，眼睑部却没有化妆，呈现出干净的眼部、面颊，唇也只是淡淡的红晕。

2. 红白妆

在英国女皇伊丽莎白一世的引领下，女性开始将面部皮肤涂成红白两色，苍白的脸、红润的嘴，并剃掉眉毛，去除脸上的自然黑色部分，认为这样才是华贵妇女必备的化妆术，更能衬托她们苍白的脸色。当时欧洲贵族大量使用豪华纺织面料天鹅绒，深色的天鹅绒也起到衬托肤色的作用。

3. 面具

文艺复兴时期的人们平时特别喜欢戴一个装饰用的面具。在当时女性的意识里，面具不但可防止脸上的妆容花掉，还可以保护皮肤，特别是夏天的时候防止晒黑皮肤，更重要的它还是一种身份的象征。伊丽莎白一世无论出行、狩猎，还是坐在马车里都要携带一个面具。我们今天仍然能在文艺复兴时期的欧洲文化中心威尼斯的街头看见风格各异的精美面具（图 3-7）。

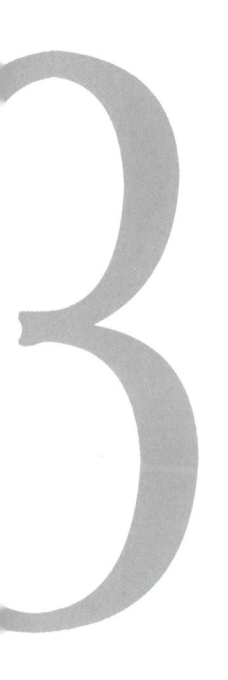

二、发式

1. 女子发式

与朴实智慧的妆容相对的是女性对于发型的重视。欧洲文艺复兴为女性的发式带来了许多变化，女子的头发都经过精心的梳理，有较为复杂、造型独特的发式，并且佩戴许多典雅华丽的发带和头饰，以显示其高贵富有（图3-8）。发型除了保留盘辫和扎辫外，自然飘逸的长发也开始受到人们的喜欢。而在上层社会，则崇尚发型的饱满和装饰效果，贵妇们大量使用金色的假发做填充。此外，为了让女性们漂淡头发，各种染发剂被先后发明，但是最流行的染发剂颜色是蜜色、茶色和烟熏色。

图3-7 面具

（1）金发

文艺复兴时期的妇女染金发，她们认为金发是最美的，女性们对金发产生了前所未有的兴趣，金发成为了纯洁美丽、超凡脱俗的象征。作为上帝派来的使者，优雅的圣母和可爱的天使都常常是一头金发。在15世纪和16世纪的鼎盛期，威尼斯女性被认为是欧洲最耀眼的女人，她们染金发的方式也独具特色。洗过头后，坐在阳台上，抹上一种可使头发变金黄的"必雍达"混合剂，然后戴上宽边的无顶帽以防止日光晒伤细嫩的肌肤，同时又让头发从中穿过，散布四周，女人边晒太阳边涂染发剂，把头发沾湿，然后晒干再沾湿，头发晒干后就会变成浅金褐色的头发，此法称为"染金发术"。

（2）罩帽

文艺复兴时期女子的典型帽式为罩帽。

在意大利，15世纪初期贵妇头饰为一个圆形的大头罩，即为罩帽，其顶部以螺旋式布卷为饰，里面有填充物，戴发网。王后戴长方形头巾或大面纱，高大而挺拔的头饰上镶满玉石珠宝，冉戴罩帽，罩帽向下倾斜，前端呈圆形并遮盖前额，罩帽上盖镶金的鹅绒大花布。

15世纪下半叶头饰种类繁多，不胜枚举，罩帽较矮，顶部略平，上面遮盖长长的薄面纱。15世纪末期，女子头上两条黑色缎带于前额交叉，戴镶满珍珠和宝石的金丝网状的扁平帽，长发用布块包成螺旋状，系上宝石彩带，戴耳环、珍珠项链。此时，高大的头饰被圆式软帽所取代，软帽后部呈喇叭口，下垂于颈后，软帽后面呈褶皱状，有时镶有两块长方形饰片和几枚垂饰。

在法国，15世纪初期王后的头饰如同一座建筑物，头发被头冠覆盖，两鬓的卵形装饰被金丝编成的发网覆盖。15世纪中叶，高大精

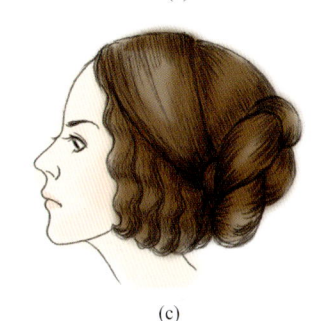

图3-8 文艺复兴时期的女子发式

美的头饰新颖别致，由镶嵌宝石的发网覆盖，一条条鼓起的布卷伸向前额，顶端下垂呈弯曲状，右侧附一条长围巾，高耸入云的圆锥型罩帽遮盖头发，顶部有时蒙上长面纱或将纱巾做成蝴蝶插到顶部，法国式罩帽的顶部有一个长长的尖头，一个黑色圆环的装饰贴于前额。15世纪末，头冠加宽，并镶嵌很多宝石。

在英国，15世纪初期的妇女发型与头饰为：两鬓各有一个大小适中的发髻，用发网遮盖，以缎带系住，面纱遮盖头顶，两耳不被蒙住。15世纪末叶，英国出现一种洞穴式罩帽，又称人字形罩帽。

女子罩帽到了16世纪仍流行于欧洲，但各国罩帽都有着自己独特的风格。女子发式为向上梳成蓬松波浪卷的高发型，发中架有金属搭成的构架，使发型显得饱满，头发用发网罩包住，上缀珍珠宝石。女子常用打蝶式花结的饰带或用鸟的羽毛插在帽上作为装饰，也有在无檐帽上再戴镶有边饰的头巾，此外还有许多切口装饰的帽子，样式夸张华丽。

2. 男子发式

15世纪的欧洲男子发型延续着中世纪的一些主要样式，男子以短发为主，但是由于欧洲人天生毛发卷曲，所以即使留短发也不会显得太杂乱。直到15世纪末，长发才重新流行，男子将头发梳向背后，或戴头冠，或将长发梳成长辫，沿额前围上。（图3-10）

(a)

(b)

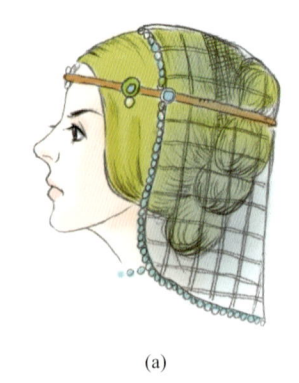

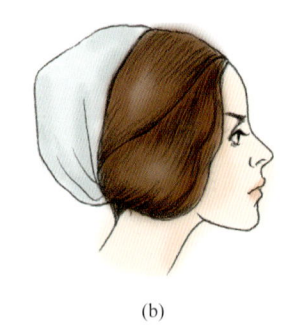

图3-9　文艺复兴时期的女子罩帽

(a)　(b)　(c)

(d)　(e)

图3-10　文艺复兴时期的男子发式

文艺复兴时期的年轻男子修面刮脸，年长者仍然蓄须。公元 16 世纪初，欧洲男子留口髭和络腮胡子，西班牙男子还常把夸张变形的蔷薇花戴在耳后，发垂至肩。

在人类历史上，服装、化妆以及发型的变化，常常由王公贵族来左右，16 世纪的欧洲发型深受亨利八世、伊丽莎白一世及法郎西斯一世的影响，由于两位皇帝都是短发，所以当时的男子发型主要以短发为主。

第四节 巴洛克、洛可可时期的妆饰

欧洲的巴洛克、洛可可时期，也被称为奢侈时期。

巴洛克艺术发源于 16 世纪末教皇统治的罗马，那时意大利是欧洲艺术中心，最初用以表示建筑中奇特而不寻常的样式，其特点是外形自由，追求动态，喜好富丽的装饰、雕刻和强烈的色彩，对比性强，注重光在结构上产生的动感，常用穿插的曲面和椭圆形空间，整体风格高贵华丽、辉煌奢华。到了巴洛克后期，法国成为欧洲的政治文化中心，欧洲艺术中心移转到法国，但是它并没有明确的艺术风格，只能算是一种时尚，倒是大力推动了法国时装业的发展，自此，法国确立了在欧洲的不可动摇的服饰文化中心地位。

18 世纪的洛可可艺术风格是继巴洛克艺术风格之后，发源于法国并很快遍及欧洲的一种艺术风格。洛可可式建筑是巴洛克末期建筑风格的代表，它的主要特征是将贝类、树叶以极其丰富、半抽象的装饰形式表现出来，并充满了曲线花纹或漩涡花纹的装饰，繁琐重叠、玲珑剔透、华丽雕琢、精美奇巧、魅力无穷，令人眼花缭乱。洛可可艺术风格与巴洛克艺术风格最显著的差别就是，洛可可艺术更趋向一种精制而幽雅，具装饰性的特色。这种特色当然影响到当时的服装，甚至人们以洛可可一词代表法国大革命之前 18 世纪的服装款式。

一、化妆

1. 巴洛克时期的化妆

在巴洛克时期，欧洲上层阶级不论男女都化妆。女人不化妆绝不出门，男人化妆一来是为了掩盖伤疤或羞于见人的疾病，再者就是来自于贵族的歧视，认为不化妆就是平民的象征。贵族脸上依旧是不透明的铅白，喜欢在双颊和双唇使用象征富丽的红色胭脂进行装点，只强调红和白两种颜色，眼部化妆并不是重点。除此以外，还必须遮盖脸上的斑点、因香料饮食引起的脸色绯红以及喝酒时皮肤浮现的不雅红斑等。

巴洛克时期的红色胭脂取得较大发展，这主要归功于特别鲜艳亮丽的化妆原料朱砂和胭脂虫，使得当时的胭脂不仅仅局限于一种红色，而是包括大红、橘红、绯红、朱红等一系列红色，而且胭脂虫是一种无毒的染料，它的发现被欧洲人认为是化妆原料上的一次革命。

2. 洛可可时期的化妆

到了华丽的洛可可时期，贵族中流行的红色从鲜红、百合红、玫瑰红到橙红、橘黄皆流行，当时贵族的装扮如同戴着面具一样极不自然，皮肤过于白皙，就像木偶一样；面颊至太阳穴抹上棕色，胭脂红延伸到眼部附近，不再局限颧骨的两个圆形；精心修饰的高挑眉极其盛行；眼睑上涂抹高亮度的膏体以增加眼部轮廓的立体感；嘴角四周抹亮，嘴唇涂上红色鲜艳的唇膏。

意大利冒险家卡萨诺瓦曾如此解释："人们不希望红色看起来自然……人们抹上胭脂为了让人们看到，且允许他们抛弃理智，享受狂欢迷恋的欢愉。"贵族阶层妇女在双颊上仅抹稍许的红晕，依年龄在脸颊上抹上从粉红到鲜红的胭脂，但是在法国宫廷，皇宫贵族都抹得很鲜艳，并要求在场的男女都如此。法国贵族用面具来掩饰前一夜里或摄政时期因通宵狂欢而引起的苍白肤色，这些夜间活动使朝政萎靡不振。但是贵族们不论有多少疯狂的宴席，仍要美丽赴宴，所以男男女女都涂上厚厚的脂粉，宫内朝臣无法掩饰病态却又不能破坏流行，而红色既可以刺激感官，又可以掩饰年老色衰，所以自孩童起每个年龄层的贵族脸上都有红色，甚至妇女睡觉时还要抹些胭脂。

到了洛可可末期胭脂红慢慢消失了，苍白又变成了时尚，强调纯净光洁的面孔。这要归功于两个女人，一是法国皇后玛丽，她从奥地利带来自然美的传统，命人特制了以淀粉为原料的新型粉底和蜜粉，终于取代了含铅量过高的矿物香粉，受到民众的热烈欢迎，一时间法国崇尚洁白迷人的肌肤，且越演越烈。还有一位是玛丽皇后的宫廷画家维热·勒布伦夫人，她的肖像画带动起"优雅的不修边幅"的风尚。

当然，那个时代偶尔也有化妆的前卫者，比如瓦尔戈夫人，曾率先在一次宫廷舞会中使用一支紫色的唇膏，她的出场令所有的人惊愕不已，这在当时对人们的审美判断是非常有挑战的，不过以后不久，大家就认可了这种紫唇的魅力。

17世纪末，巴黎的妇女先开始流行点痣术，痣有红色和黑色两种，大小数目不等，当时还流行用漂亮的花缎剪成圆形、心形、月牙形、星星状、花瓣状等形状，贴在额头、鼻子、两颊或唇边，有时甚至贴在乳房、肚脐或两腿内侧。假痣风行一时，各有其含意：靠近眼睛的是美人痣，嘴旁的是活泼痣（以微笑的形象示人），嘴唇上的是好吃痣，鼻子上的是厚颜痣，额头上的是威严痣，面颊上的是风流痣，下唇边上的是保密痣……

到18世纪中叶，整个欧洲社会男人也和女人一样画着浓妆，甚至在脸部贴上夸张的假痣。假痣不仅可遮盖雀斑和痘，也可利用雀斑和痘绘星座，还有的用小块的丝质花布修饰脸部。点痣术的流行为奢侈时期的妆饰增加了娇柔妩媚的风格。

二、发式

1. 女子发式

17世纪的女子发式最有特色的是假发，上层社会的女子将假发制作成各种卷曲绵密的形状，有时堆积在头顶，有时垂落在两耳旁，并且撒上大量的香粉。典型的法国"芳丹"发型是把卷发向上梳拢，用黑、白两色纱料制成的宽花边、饰带系扎，饰带的边缘具有多层褶皱，后来又在"芳丹"上加一条轻柔的黑丝巾，并在17世纪末普遍流行，称为台尼勃式。女子戴上插有羽毛的宽檐帽，有时还扎头巾，丧礼时戴边缘用金属丝串住的黑丝网罩。

随着时代的变迁，女子假发在造型上和高度上一直在变化着，到18世纪初，高耸的假发达到了顶点和极致，繁复的装饰也是一个非常明显的特点。尤其是贵族妇女，更是在假发的装饰上追求

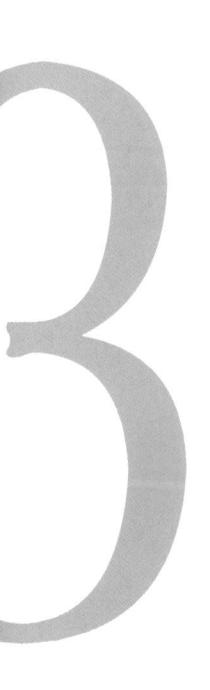

豪华、独特，常在头饰上部镶有一个坐垫，顶部饰有月桂树枝、羽毛、饰带、假花、纱网、宝石、珍珠、小型房子、动物，甚至整条军舰模型。奢侈时期的法国引领着整个欧洲的时尚，特别是玛丽皇后，曾记载她的假发一般有 20~30 厘米高，在假发的顶部和两侧梳理着各式的盘卷花式，名称也各具特色，如爱心卷、猪肠卷、玫瑰卷等，并在发式上还要撒上粉末，使之看上去雪白一片。

当然一般女子的发型要朴实得多，但是也精心梳理成各种式样，而且都使用自己的真发梳理而成。例如头发中分，额前头发在两边卷成一个个小卷，然后拢到耳后，后面的头发从中间横向分缝，一道环绕的辫子把头发在背后束起来。同样迷人的还有一些类似现代的梳发样式，如把头发从前额平均地梳到头后，再用环绕的辫子束起来或在脑后做成各种发卷，还有的将头发中分，额头的头发在两侧梳拢，然后将其余头发形成自然披肩的卷发（图 3-11）。

2. 男子发式

由于皇室的影响，17~18 世纪是欧洲假发最盛行的时期，不仅仅女子喜欢戴假发，整个欧洲男子都流行戴假发。当时的几位君主，如路易八世、詹姆斯一世等都是长发或者喜爱长发，所以贵族和平民百姓都纷纷效仿。而假发的真正流行则来自于路易八世。当时他因为生病致使头发大量脱落，在 1624 年不得已戴上了假发，他的臣民纷纷效仿而使戴假发之风迅速流行。甚至有男子为了戴假发而将头发剃光，比如路易十四，他宁可剃掉美丽的金色卷发而戴上假发套，并在假发上洒各色香粉。夸张的假发以发棉增加高度，并饰以珠宝、羽毛、鲜花等，充满了奢华俗气的装饰气氛。

图 3-11 巴洛克、洛可可时期的女子发式

18世纪初，男子假发因场合与职业的不同而随时改换，垂肩假发到30年代仍为宫廷、社会学者和年长而保守的绅士们所沿用。将假发梳至颈后，用不同方式固定，为男子的普遍发型，有的用黑色发带将发卷束拢在一起，有的将头发包在以蝴蝶结装饰的四角黑色袋内，有的将发辫包于螺旋形黑色缎带套之中。这个时期，男子假发类型很多，其中"拉米丽"发型是将发编成发辫，用蝴蝶结系在上端或末端；少校假发是呈一个单一发卷的发辫；旅长假发是分为两个发卷的假发；棒形假发是将头后的假发做成一个棒形，上粗下细，又被称为"卡他贡"式假发，这种假发流行于18世纪70年代英国纨绔子弟中间。

　　男子假发的颜色也存在流行，18世纪初期流行白色，中期为灰色。1750~1780年，新型设计的假发与自然发型趋于一致，头发一律梳向后面，两侧头发在耳朵以上做成一个或两个横卷，盛行时，流行用袋式假发，后面的蝴蝶结变小，系发的黑色缎带从后面伸至胸前，早先打成小结，但后来被塞入衬衣内（图3-12）。18世纪60年代，有些人开始不戴假发，而是把自然的头发做成假发状。

图3-12　巴洛克、洛可可时期的男子假发

第五节　19世纪的妆饰

19世纪欧洲的工业革命及其在各方面的影响是当时欧洲妆饰变化的重要外在原因，而近代欧洲艺术风格的多种交替成为当时欧洲妆饰变化的重要内在原因。19世纪的欧洲艺术，继古典主义之后，浪漫主义、现实主义、印象主义等艺术流派迭起，特别是由英国发起的工艺美术运动，继而波及欧洲各国，引起了所谓的新艺术运动，这是将唯美主义、工艺美术运动等观念综合汇聚而产生的一种新的艺术风格。人类审美的变化产生了不同的艺术风格，由于妆饰形式的表现永远与艺术风格紧密地联系在一起，因此，出现了许多富有特色、别具一格的妆饰形式。

一、化妆

1. 女子面妆

从18世纪末开始，人们对化妆的概念开始改变，过度的化妆、精致的假发被逐渐淘汰，保守而简约的装扮代替了华丽的装扮。上流社会开始流行一种茶花女式的化妆风格：白皙的皮肤，眉型朴素自然、弧度较小，脸上唯一突出的是眼睛，女性使用眼线墨和睫毛膏来凸显眼神。

19世纪初的化妆风格并不那么严肃，女性的眉毛不特别强调细致的线条，眼部几乎没有化妆的痕迹，通常会用腮红表现粉嫩的感觉，唇形是小巧的菱形，唇膏以正红色为主。

自1830年起，如鬼魅般的时尚改变了人们的生活。女子面色流行幽灵般的雪白、黄、蓝或绿，脸色像垂死的人一样苍白无力，面颊凹陷，两眼深邃，这种面容表现出高贵不凡的艺术气质。这种结合了艺术家与病态的审美观是为了反对资产阶级美的标准而形成的，资产阶级的美象征富足，与影响艺术家及其灵感的病态或幻觉式的浪漫主义理想背道而驰。当时病态美的代表性美女是拿破仑一世的皇后约瑟芬。

2. 男子胡须

19世纪的男子一般都留胡须（图3-13）。40年代男子喜欢留八字胡。50~60年代，男子留有颊髯、口髭。70年代，男子多留下须。80年代后，男子下颏和双颊的胡子消失，只留有口髭。第二次世界大战时，军人的刚毅形象成为世界主流，男士刮脸并留有平头或极短的三七开分头，整齐而极富男性魅力。

(a)　　　　　(b)

图3-13　19世纪的男子胡须

二、发式

1. 女子发式

18世纪末期,自然的发质流行,人们重新保持各种形式和名目的卷发,盘发及发饰越变越简单大方。

19世纪初,假发逐渐被便于劳作的短发所取代,尤其是女子发型,由于社会上出现了专业的理发行业,导致了各种新式发型层出不穷。这个时期的女子发型样式非常丰富,有长发型、短发型、卷曲的辫发和盘发等。19世纪也非常流行发型装饰,金银珠宝、花卉羽毛等都是女性偏爱的发饰材料。在短发风行的19世纪,假发也曾经一度走俏,原因是一些女子在剪去长发之后,发现失去了许多昔日的风采。为了符合一些场合的装扮需要,常常借用假发来制作发型,却不料又使假发再度盛行。但是这个时期的假发造型,主要是在一些舞会等社交场合上被女子青睐,假发也不像18世纪那么高耸繁复。

19世纪初,女士发型一般是向后梳成发髻。30年代,发型为中分后梳,在后颈系扎。40年代,发卷散落在脸的两侧,女子将头发中分,然后从下往耳后高处梳去,扎成各种发髻或烫成各种发卷,也有用网罩裹住。50年代,流行"圣母式"发型,女子还常用粗眼发网把头发包拢,柔软无檐女帽限于居家使用,大多为老妇人使用。70年代,头发梳成又粗又松的辫子,在颈后扎住,晚间又梳成散落的发卷。80年代,头发呈波浪状,前额上方缠有卷曲的饰带,在晚宴时女子还在头发上插花朵和高脊木梳,戴檐帽或礼帽,礼帽顶部高起,周边翘起并垂挂卷曲的羽毛。90年代后的发型一般是向上梳拢,在头顶有小的发卷,小巧的帽上有极乐鸟和鸵鸟的羽毛、缎带、纱的花边饰带、人造蔷薇花或黑玉等装饰,还常罩面纱。19世纪末,女子的头发习惯从中间向两边高高梳起,束成一束束圈轮状的披肩长发卷。(图3-14)

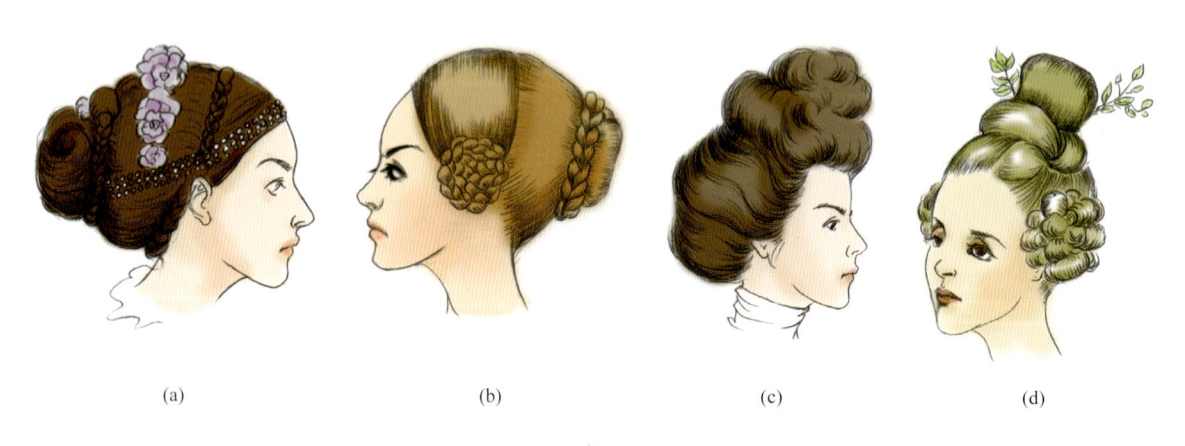

(a)　　　　　　(b)　　　　　　(c)　　　　　　(d)

图3-14　19世纪的女子发式

2. 男子发式

男子则流行蓬乱的发型,其头发参差不齐地垂挂于额前脑后,耳边的头发也特别长。

19世纪初,男子发式一般为短分发或布鲁特式的短发,留有鬓角,守旧派偶尔也戴假发。50年代,男子的两耳上方及鬓角处的头发蓬松并呈波浪状,鬓角长至下颚。60年代,男子发式为长短适度的卷发或直发。70年代,男子留短发。80年代后,男子发型为平直中分式。(图3-15)

(a)　　　　　　(b)　　　　　　(c)

(d)　　　　　　(e)

图3-15　19世纪的男子发式

思考与练习

1. 简述西方历代妆饰文化对现代时尚造型的影响。
2. 自选西方古代的某一时期的妆饰为元素,设计一款西方古典化妆造型。

1

第四章　近现代妆饰的发展与融合

P039-P054

第四章　近现代妆饰的发展与融合

第一节　19世纪末至20世纪初的妆饰

19世纪末至20世纪初，欧洲资本主义从自由竞争向垄断资本主义发展。帝国主义之间相互争夺市场和殖民地的矛盾日益尖锐，终于爆发了第一次世界大战。男人们几乎全都奔赴前线，妇女们成了战时劳动力的唯一来源，这使女性走上社会成为一种现实，女性形象也因此产生划时代的大变革，向现代化迈出了坚实的一大步。

在中国，辛亥革命终于唤醒了沉睡已久的人们，使近300年的男子辫发习俗废除，并逐步取消了在中国延续了近千年对妇女束缚极大的缠足陋习。中国人的妆饰迎来了前所未有的改变。

可以说，以妆饰和服饰标志等级与身份的年代，已随着滚滚逝去的历史潮流而一去不复返了。妆饰转而成为显示个人消费水准和审美情趣的一个侧面。

一、化妆

1. 西方的化妆

19世纪末女子在化妆上开始普及化、工业化，化妆品及药品开始不断地推陈出新。年轻女子关心她们的外貌，会适时地上妆，遵从书本上医师的劝告，更注重保养和饰物。

20世纪初，女性都希望自己看起来像悠闲的贵族，所以能拥有白皙的肤色相当于向他人表示，自己可以待在家里而不用到田地里干活。当时，主要的面部美白用品以大米粉和滑石粉为原料。为了突出面部的苍白，达到真正透明的效果，她们会把蓝色血管画出来。化妆色彩开始丰富艳丽，特别注重眼部化妆，眉毛要厚而且突出，但是绝不能拔掉，妇女们用烧焦的火柴棍，甚至用丁香胶描黑双眉；为了卷翘加黑睫毛、拉长眼角，丰富多彩的眼影、睫毛膏、假睫毛都开始流行。不过所有这一切要做得不露痕迹，体面的女性绝不会承认自己用了化妆品，但是女人已经私下开始化妆了。

第一次世界大战对美容界产生了特殊的影响。外科医生们发明了修复人体受伤骨骼的奇妙方法。战后，修复外科变成了美容外科，当时麻醉术和止疼技术还处在起步阶段，不过还是有一些女性愿意接受令人望而生畏的手术以变得更加美丽，人们走进了新兴的美容院。美容院在初期主要经营理发、做发型，后来经过不断发展可以提供其他美容服务。当时的美容过程很奇特，而且痛苦程度不一定比外科手术小。装饰性文身在当时最为流行，追求时尚的女性会在自己的颧骨上文上永久性的腮红。1915年出现了棒式口红，与此同时，使用化妆品开始变得流行起来，女性不必像以前那样遮遮掩掩，各种红色调的口红和胭脂可以让女性修饰出种种理想的面容。

2. "中华民国"初期的化妆

"中华民国"初期的女性在化妆方式上延续着晚清的审美喜好。脸庞清秀、眉眼细长、嘴唇薄小，这是满汉女子共同追求的美的形象。女子在眉妆上，基本仍是承明清一脉，喜爱描纤细、弯曲的长蛾眉。许多妇女还因此把自己真正的眉毛拔去之后再画。描眉时，一般是眉头最高，然后往两端渐渐向下拉长拉细，有些微微的"八字眉"趋势。眼睛没有描绘，嘴唇仍旧喜好薄薄的纤细小嘴，脸颊多施粉嫩的胭脂。西风渐起，受到了新式教育的妇女，逐渐对美的标准有了新的看法和思考，特别是青年女学生们，基本上都不化妆，这种风气迅速传开，一时间全国上下纷纷效仿。

二、发式

1. 20世纪初西方的发式

进入20世纪，理发行业的发展非常迅猛。由于科学技术的进步，各种理发工具和整理、塑造发型的产品日益丰富；传播媒介的发达使人们获得的信息大大增加，因此，发型的样式和色彩都达到了史无前例的程度。国家、民族、文化、艺术等各种因素都对发型设计产生了重大的影响和推动作用。20世纪初，男女的发型都很简朴，特别是男性，基本上以短发为主，多从中间分开梳向两边（图4-1）。女性也流行黑色短发，但修剪成四面齐整的童花头，配上幽深的眼睛和薄嘴唇，极具特色。女发中，两款流行短发很有代表性：一款剪有平整光亮的齐刷刷的发沿和刘海；另一款是借助手指和发乳做出小巧可爱的波浪。

20世纪女性发式有长发梳妆、垫塞样式、超短发、卷发和披发等，电烫夹和火烫钳的发明使卷发成为时尚，还有白发染黑。女人们又让头发长长了一点点，理想的长度是刚刚及肩或在肩下。最好是像电影明星嘉宝那样，头发在颈侧服帖顺滑地卷出优雅的波浪。这时染发开始兴起，由美国伊卡璐公司推出第一支染发剂，使染发安全自然成为可能，但只有少数女性敢于尝试。染发剂的发明使头发的色彩日趋丰富，茶褐色、棕褐色、酒红色被认为是最时髦的头发颜色。（图4-2）

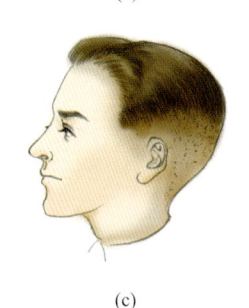

图4-1 20世纪初的西方男子发式

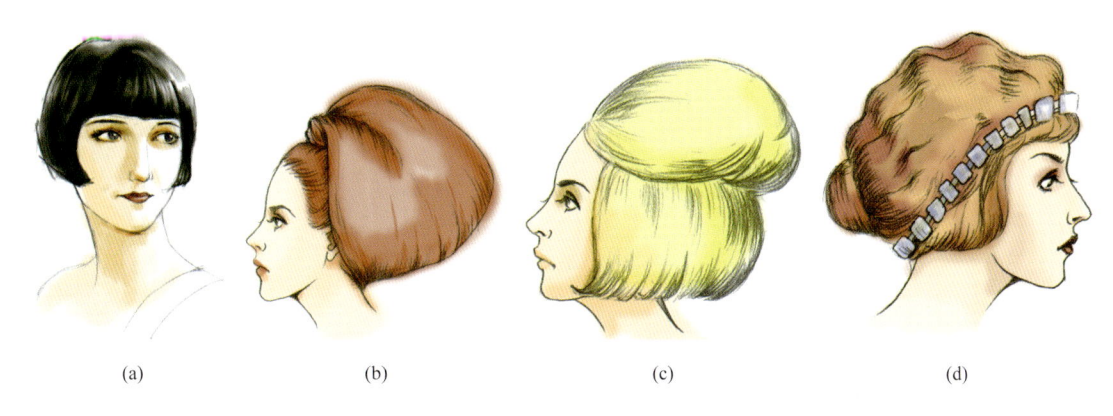

图4-2 20世纪初的西方女子发式

2. "中华民国"初期的发式

中国男人们终于剪了辫子，各种平头、分头、背头等方便、利索的发式成为一时的流行焦点。新女性们则逐渐抛弃梳髻簪钗，剪发开始登上历史舞台，使女性彻底摆脱了头部妆饰的负重，以一种轻松、独立的姿态投入到社会活动中去。

（1）"保守派"的女子发式："保守派"女子在发式上依然沿袭晚清遗制。除了两把头外，此时有些满族妇女还把头发向上做成空心髻，高高地顶在头上。大多数少妇则在头后的最低处挽成一髻。如将发髻扭一扭盘成英文字母S形，称S髻。S髻，又有横S和竖S髻的区别。整个的发型特点是清清爽爽，纹丝不乱。晚清的刘海样式此时依然很普遍，有一字式、蚕丝式、燕尾式、卷帘式、满天星等。此外，还有许多年轻女子喜爱在前额正中间留一小撮刘海，短至眉间，长可掩目（图4-3）。

图4-3 "中华民国"初期的"保守派"女子发式

（2）"革新派"的女子发式：可以说，"革新派"女子发式完全抛弃了封建社会的遗韵，而呈现出一派百花齐放、欣欣向荣的新时代气息。

①辫发：民国以来，男人们剪了辫子，少女们的头上却又兴起了辫子。一些年轻的女子，尤其是尚未出阁的大姑娘，多是留一条长辫子垂于背后，或是梳两条长辫子搭于胸前。辫长多在腰际，辫梢上扎系红头绳（只有服丧期间才扎系白头绳、蓝头绳）[图4-4（a）]。

②短发：剪发可以说是民国时期女子发式的一大改革。中国自周代以来，一直是以"身体发肤，受之父母，不可轻易毁伤"为原则，不论男女，均留有一头长长的秀发。而辛亥革命后，受西方现代生活方式的冲击，在发式上也开始追求一种简约、方便、利落的形式。女学生大多是齐耳短发，头前有齐眉的一字刘海儿；普通年轻女子的剪发发型有中分无刘海儿、偏分无刘海儿、偏分戴发卡、偏分扎辫子等，多种多样。但不管怎样，都是一派清爽、简洁的风格[图4-4（b）]。

(a)辫发

(b)短发

图4-4 "中华民国"初期的"革新派"女子发式

近现代妆饰的发展与融合

第二节　20世纪20~30年代的妆饰

20世纪20~30年代，电影的发展使得好莱坞的女明星走到了世界时尚的最前沿，可谓风华绝代、魅惑迷离。她们推动了化妆的变化，产生了一种对极端女性美的崇拜。当中国的国门被列强强行打开，中国的传统审美观念受到了前所未有的强烈冲击。欧风美雨的洗礼、商业文明的推动，很快就使"中华民国"的女性改头换面。新的发型，新的妆面，结合着充分表现女性形体曲线美的新式改良旗袍、丝袜、高跟鞋，充分展现了当时新女性的一种高雅、开放、快节奏的生活方式，也掀开了中国女性妆饰史上崭新的一页。

一、化妆

1. 20世纪20~30年代的西方化妆

（1）默片化妆：到了20世纪20年代，化妆的方式从淡妆或无妆发展到默片时期的化妆。由于黑白电影的效果，化妆变为了几乎黑白两色。默片明星克拉拉·鲍在1927年的电影 It 中塑造了一个典型的女孩形象，其短发红唇风靡一时。她的细眉毛、圆黑的眼睛、红黑色的小嘴、立体几何造型的眼影、颜色对比强烈的化妆、甚至是生气的姿态都打动人心，美容潮流改变了（图4-5）。

（2）好莱坞化妆：通常以圆弧的线条来表现，如塑造高挑的眉毛时，常采用极端做法，即把眉毛全部拔掉，再重新画出两道又弯又细的黑眉，眉毛钳和眉笔成了女性化妆不可缺少的东西；又如要用眼影描绘出深邃的眼形，需上眼线明显，睫毛膏和假睫毛同时使用；再如用腮红可修饰出成熟立体的脸形，菱形小嘴被丰满性感的唇形所代替，成为当时的时尚象征。而时尚女王夏奈尔女士也在这个时期树立了独特的个人风格，

图4-5　20世纪20~30年代的女子化妆

作为爵士年代最具代表性的女人，其优雅的个性与浓眉大眼、娇艳红唇一起成为那个时代的标志。

（3）日晒肤色及东方妆容：女性很快厌倦了苍白的面容，发现了日晒肤色之美，这时候她们要让别人认为自己有钱，可以长期在海滨度假。第一个人工晒黑装置名为日光机，它可以让女性在室内就能拥有流行的日晒肤色，同时还有许多粉底霜让女性涂抹出像是经过长期日晒的肤色。整个20世纪20~30年代还流行东方美，东方式的另类化妆运用在西方人立体感极强的面部别有风味。

2. 20世纪20~30年代的"中华民国"化妆

民国时期，女子们不论是化妆品还是化妆术，受西方影响日益深刻。尤其是美国好莱坞影星的化妆造型直接影响了中国影星的审美喜好。在面妆、发型、衣着，甚至拍照时摆的姿势，都有着很相似的地方。此时女子面妆风格最大的特点便是取法自然。虽有浓艳却不失真实，过去年代里的那些繁缛的面饰和奇形怪状的面妆，在这个时代都不见了踪影，取而代之的是受舶来化妆术影响和启发的妆容。

图4-6　20世纪20~30年代的"中华民国"女子化妆

当时的审美化妆呈现两极分化，一方面是传统女性仍然坚持清秀化妆，细细的眉眼和小巧的红唇得到赞赏；另一方面是追求时尚的新女性，把美国好莱坞的新颖化妆技巧活学活用，如"柳叶吊梢眉"加微肿的丹凤眼、立体感的深色眼影、浓而长的假睫毛，并且对上唇饱满下唇线条明显的唇型情有独钟。实际上，民国时期，除了影星、歌星等上镜率很高的时尚美女描重黛外，大多数普通女子的眉妆和今天并无多大区别，都强调自然为美的原则。

民国时期的唇妆可以说是中国女子唇妆史上的一个飞跃。此时的唇妆抛弃了自古以来所崇尚的以"樱桃小口"为美唇的观念，大胆依据原有唇形的大小而进行描画，显得自然而随意。唇膏的颜色则依然以浓艳的大红为主，这一来是受当时西方所崇尚的唇妆影响，二来也是受唇膏技术的限制（图4-6）。

二、发式

1. 20世纪20~30年代的西方发式

（1）蓬巴杜夫人发型：20世纪20年代，由于衣服造型朴素、简练，因此对发型和帽饰很重视，其中夸张高大的发结、向上梳拢的较大型帽盖式的发型备受推崇，称为蓬巴杜夫人发型。

（2）其他发型：英国女性发式则是中分后两边卷束成短而大的轮状型，30年代普遍流行短发，或把头发向后梳拢系结。

（3）烫发：1905年，德国人内斯拉发明了用碱溶液将头发湿润变软，再卷缠到小棍上烘干的卷烫技术，虽然取得了较长时间的弯卷效果，但仍不理想。到1914年第一次世界大战后，由于从军女护士多剪短发，所以很流行这种碱液烘烫法，其中有人将小棍改为金属小棒。西欧的职业理发师将这种烫发法应用于蒸汽烫发机中，由于此法容易漏气伤及头皮，法国人于1933年在蒸汽烫发的基础上改用通电的卡子，将卡子加热后断电，再把卡子卡在发卷上加热，于是就有了电热烫发机，此法曾风靡一时。1937年，英国人斯区曼在美国使用碱性溶液使头发软化，软化后再卷杠，然后用酸性溶液进行中和，这种烫发法俗称冷烫，很快在欧洲得到普及推广，从此烫发风靡全球，为普通人所享用（图4-7）。

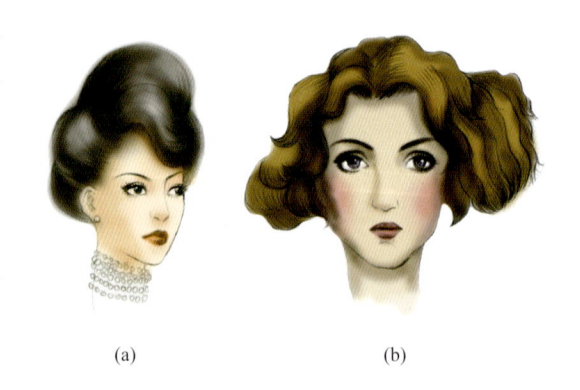

图4-7　20世纪20~30年代的西方女子发式

2. 20世纪20~30年代的"中华民国"发式

（1）烫发：在西方烫发风潮的带动下，烫发在民国也开始逐渐流行了。如果说一个剪发的潮流已经彻底改变了女子传统的头部轮廓，那么，这一次烫发时尚则完全是出自对欧美时尚的认同和追逐。烫发在中国的流行也许在20世纪20年代中后期，当时社会上有诗云："趋时头式散而松，烫发争夸技术工。恰合千家诗一句，'一团茅草乱蓬蓬'。"1922年，上海的百乐理发店便以女子烫发为主要服务项目。

（2）手推波纹：民国烫发的样式有很多，有长波浪、短波浪、大卷、小卷等，但最常见的则是一种中长发型。所谓中，指头发长度齐肩；所谓长，则指头发延续至肩下。发型特征为头顶三七分或二八分，额头没有刘海儿，只有侧向一边的手推波纹。无论中发、长发，头发表面都可看出烫过后明显的弯曲波浪纹。大多在两耳处使用发卡，既是为了衬托脸型，也是为了平时生活方便。女子毕竟还是讲规矩的，披散着头发，在当时仍然被视为"不雅"。这种发式在当时非常流行，许多著名的影星，如蝴蝶、阮玲玉等都是这种发式（图4-8）。

(a)烫发　(b)手推波纹

图4-8　20世纪20~30年代的"中华民国"女子发式

第三节　20世纪中期的妆饰

20世纪50年代是中国妇女运动史上非常重要的一个阶段，伴随着强大的意识形态宣传和一系列的政治运动，"妇女解放"、"男女平等"成为社会主流话题，人人皆知；妇女被最广泛地动员起来——无论是乡村还是城镇，完成了从家庭领域走向社会，从事社会化生产的过程。从这个时期开始，中国女性的形象彻底改头换面了。

20世纪中叶，西方是一个充满了动荡和变革的世界，新奇的服饰成为最直接的代言，从以运动衫、牛津裤为特征的"存在主义者"，到50年代"垮掉的一代"，再到60年代的"嬉皮士"，无不以异于常人的装束来表示对传统的摒弃。20世纪60年代对于整个世界的时尚行业都有着不可忽略的影响，因为摇滚、嬉皮士、波普艺术……都出现在这个时代，传统的价值观在60年代面临着冲击和挑战。年轻人以独立的姿态创造着自己的音乐和服装风格，当然，他们对美丽的标准也自此有了转变。而当时装界新面貌在全世界范围迅速蔓延的时候，有一个地方不受其任何的影响，那就是远在东方的中国。因为这里在经历一场更加剧烈的震荡——"文化大革命"，将中国的人们完全划在了世界时装格局之外。

一、化妆

1. 20世纪中期的西方化妆

战争结束后，西方很快就出现了新一轮的美容热潮。优雅妩媚的丽塔·海华思、体形丰满的简·拉塞尔成为新的时尚理念的代表。20世纪50年代美容和健身业方兴未艾，这是因为经济的繁荣让女性的钱包鼓了起来，此时的时尚主题是"女性的优雅"。化妆是为了有一个白皙粉嫩的面孔，同时在唇部和眼部化浓妆，使面部的色彩更为突出。口红、腮红和眼线膏是必不可少的。此时期大多数女性只是略施粉黛，但素颜仍是不可思议的事情，因为拥有优雅甜美的女人味是最完美的事情。看看此时期银幕上的大美人吧，都拥有精心修饰的眉毛、轮廓清晰的双唇、优雅完美的眼妆，这使得她们魅力无穷，一直到今天也依然倾倒众生。这一时期西方最经典的女性形象有两个：性感的玛丽莲·梦露和不朽的奥黛丽·赫本。

20世纪60年代开始，西方化妆品及其使用方法发生了戏剧性的变化，以往追求的优雅与端庄被视为落伍，取而代之的是充满反叛和朝气的新形象，例如碧姬·芭铎。"黑就是美"是20世纪60年代的口号。欧普艺术、波普艺术、人体艺术，新的风格和各种奇异的装扮从画布上转到了真人的脸上以及身体的其他部位。苍白色的皮肤、红粉色性感的双唇和黑而长的假睫毛，是60年代最时尚的妆容搭配。为了打造出年轻且具有摇滚风格的烟熏眼妆，假睫毛变成了化妆界的新宠。假睫毛已经可以在睫毛上保持一周，而且各种颜色一应俱全。此时，有光泽的颜色开始受到人们的追捧，不管是眼影还是指甲油，颜色越来越丰富，而且大多闪烁着光泽。瘦骨模特崔姬（Twiggy）和巨星伊迪·塞吉维克（Edie Sedgwick）是60年代的典范，小鹿般的大眼睛和瘦弱如少女般的体形，一夜之间风靡开来。

在70年代这个有点儿动荡的年代里，迪斯科装和朋克风为我们带来了更多的经典装扮。有人认为是摇滚歌手在此时期将化妆推向了高潮，此时期，浓墨重彩、古铜风格的妆容更为流行。70年代的化妆界开始强调轮廓感，运用高光和阴影来打造面部的立体感。"加利福尼亚"妆容是当时最为流行的一种妆容，它强调闪烁着古铜色光泽的肌肤和颜色鲜艳明亮的嘴唇。

由于当时的贵妇在加利福尼亚海滩上晒出古铜色肌肤，并以此为时尚，因此，美女们都希望自己能拥有这种特殊的肤色，促使打造古铜肌肤的美黑霜开始风靡起来。迪斯科的热潮引发了虹彩风暴，其关键词就是：炫目、鲜艳、戏剧化。这一时期，以面向青少年为主的"博姿17"提出了"颜色让我美丽"的广告词，这一宣言充分代表了70年代的化妆趋势。当然，70年代的化妆不仅仅是颜色更加丰富，此外，妆容的细节也更加讲究、细致，鲜艳或有贴花的假指甲应运而生。到了70年代末，还很流行在眉骨以下勾勒一条彩色或白色的线条。（图4-9）

(a)   (b)   (c)   (d)   (e)

图4-9　20世纪中期的西方女子化妆

2. 20世纪中期的中国化妆

1949年新中国的成立，标志着旧的生活方式的结束，与之相关的一些文化现象也随之消失，化妆则首当其冲。虽然建国初期中国人的装扮风格还基本沿袭民国时期中西共存的装扮风格，但是随着工人、农民在政治经济地位上的很大提高，全国人民正全心地投入经济建设工作中，这时的社会风气变成以朴素为美，有的还表现了人们的革命热情和对英雄形象的崇拜。人们只有在舞台和荧幕上看到化妆的女性，日常生活中的女性洗尽铅华、素面朝天，追求一种自然美，化妆彻底消失，最多擦点护肤品。

二、发式

1. 20世纪中期的西方发式

化学药水的发明使得在理发店里时尚顺滑的波浪式发型不再需要电烫，只需把头发用发筒卷好，喷上化学药水就可以焕然一新了。女人的头发开始越来越长，并且自然的直发开始成为流行。20世纪50年代发明了定型发胶，从此女人的发型出现了各种奇妙的变化，人们的注意力开始从帽子转移到了头发上。前卫的发型设计师们开始用各种惊世骇俗的设计装饰头发。当现代染发技术进一步完善之后，染发便成为社会普遍接受的一种美发方法，并渐成潮流，不少精彩的广告词竟成名句，如"金发真的带给人更多乐趣吗？""如果我只能活一次，让我做个金发美人！"拥有像玛丽莲·梦露那样性感迷人的一头金发，是当时许多女性的梦想（图4-10）。

图4-10　20世纪中期的西方女子发式

60年代是一个革命的时代，变革和创新体现在社会生活的各个方面，两种截然相反的潮流共同主宰着美发时尚：一是在崇尚自然思潮的影响下，如丝般光滑柔软的蓬榧长发盛极一时；另一个是出现了讲究刀法、精致细腻的短发，强调配合脸部结构，充满了构图的艺术感（图4-11）。60年代的西方女性对于时尚与美的渴望被骤然释放，她们不愿再被束缚，充满激情和活力。这一时期沙宣带来了新鲜的时尚风，造型令人耳目一新而且易于打理，头发造型从此不再是一件繁冗的事情，这堪称一场生活方式的变革。独创的BOB头在蓬乱庸俗的60年代成为简约清新的新时尚，整体发型通过彰显性格的发梢、不对称的发型轮廓与重重的刘海进行勾勒，成为经典中的经典。色彩上尽量接近自然的发色，宛如午夜的幽蓝，少许挑染的头发基本分布在刘海与脸庞处，营造神秘而健康的视觉感受。光泽质感是沙宣在此时期潜心追求的，这种圆润而富有光泽的造型让秀发看上去更健康，更具有弹性与垂顺的感觉。

图4-11　20世纪60年代的西方男子发式

70年代是一个众说纷纭、混乱不安的年代，夸张和保守并存。嬉皮士们头顶巨大蓬松的奇特发型从美国旧金山出发，红遍全球（图4-12）。过肩的中长发型则在普通人中最为常见，层次丰富的羽毛状发型和整齐流畅的碗状发型是较为流行的两款。染发的颜色更丰富，除了传统的金、棕之外，蓝、绿、粉、红亦不鲜见。简·方达代表了70年代的美女形象，蓬乱的卷发同样是当时的流行发式。

2. 20世纪中期的中国发式

建国初期的一切活动都是对旧的社会制度的否定，因此，

图4-12　20世纪70年代的西方男子发式

图4-13　20世纪中期的中国女子发式

妆饰也必然随着政治运动而发生着戏剧性的变化。对于女子发式而言，新中国成立后的"三反"、"五反"、"公私合营"，也许是第一次使资方人士自觉抛弃西方的生活方式，不再烫发；农村的土地改革以及"镇压反革命"运动，更是使守旧人士不再敢梳髻别簪。解放初期还作为工农发式的长辫子迅速落伍，尤其是"文革"时期，根本不让留长发，否则走在街上会被人剪掉。女子都以解放战争中农村妇救会长的形象为样板，土里土气的短发，最多别个黑发卡，或者在头顶一侧扎个小辫，简单干净。年轻女孩可以将头发分到两边并用橡皮筋扎起，俗称"扫帚头"；更多的是齐刷刷的齐肩短编辫，俗称"刷子头"。头上唯一的装饰就是扎辫子的两根橡皮筋或塑料头绳，只允许一丁点的色彩装饰（图4-13）。

男子的发式同样也受到"革命的洗礼"，当时的普通青年男子最多留偏分头，顶部很长，耳后很短，既不抹油，也不烫花。还有很多留寸头、平头，干净利落。

第四节　20世纪80年代的妆饰

20世纪80年代的西方出现了前所未有的繁荣景象，雅皮士出现，青年人开始迷恋物质至上。而改革开放的春风一夜之间吹开了中国朝向世界的大门，也吹动了十几年来人们心中对美的渴望。在中国人眼中泛滥了十几年的灰色、藏青色、绿色以及其他一切能够被吞噬和淹没的颜色，使得中国人对鲜艳色彩的渴望尤其强烈。为了挽回颓势，中国人开始了恶补：迷你裙、喇叭裤、蛤蟆镜、爆炸头、熊猫眼妆……这些在西方国家经历了漫长的服装变革才自然达成的时尚潮流，中国人用了几乎不到10年的时间就全部完成了。

一、化妆

1. 20世纪80年代的西方化妆

这个时代的"物质女孩"们有了更多寻找美丽的途径，护肤品和化妆品在这个时期变得更加丰富多彩，抗衰老、芳香疗法、环保主义，统统进入了美容界。麦当娜毫无疑问是时尚的领军人物，而波姬·小丝也是80年代著名的美女，她们的形象都极具个性，而且自由奔放。"物质女孩"的宣言同样体现在对美丽的追求上，此时的时尚趋势可以总结为：自信就是美（图4-14）。

图4-14　20世纪80年代的西方女子化妆

2. 20世纪80年代的中国化妆

20世纪80年代，中国人的化妆方式是先从学港台明星开始的，流行一色的油彩浓妆：乌漆的

近现代妆饰的发展与融合

049

浓眉、深彩色的眼影、鲜艳的腮红、油亮的红唇和血红的指甲油。这时的美女浑身都泛滥着色彩，喜气洋洋、亮丽夺目，浓艳有余而清纯不足。还有一个显著的特征就是追求五官的清晰，眉毛浓烈，上下眼线都要描画，唇线比口红稍浓一些，以至于很多普通女性干脆去文眉、文眼线、文唇线以求一劳永逸。由于受化妆品制作工艺和化妆技术的限制，这时的化妆几乎没有什么别的颜色，黑色眉眼配大红色彩一直占据着主流，这也恰恰迎合了中国人自古喜爱红色的情结。黑色的文眉、文眼线时间一长就会发生色素的改变，成为了普兰色，形成了这一代年轻人特有的风景线（图4-15）。

二、发式

1. 20世纪80年代的西方发式

女权运动的兴起深刻地影响着女性生活的各个方面，女性更有意识地借助外在形象表达自己丰富的内心世界。而烫发在此时达到高峰，不论头发长短，女人们全都飘散着一头漂亮的蓬鬈发。各式各样，或大或小的发卷如波浪花涌动，衬托出这个年代女性自信果敢、独立好强的性格。此外，染发人数急剧上升，明亮张扬的红色尤其受欢迎（图4-16）。

图4-15　20世纪80年代的中国女子化妆　　图4-16　20世纪80年代的西方女子发式

2. 20世纪80年代的中国发式

男士的发型变化不大，还是以分头和平头为主，只是头发开始慢慢变长。但女子被禁止了十几年的烫发又重新流行，结了婚的女人们都不约而同地选择了烫发，而且长度基本不超过肩部。喷发胶一出现就迅速普及，时髦人士都把头发塑造成头盔一样坚硬的式样。有爆炸头式样，其头发上半部烫发，下半部直发，犹如一头刚刚爆炸的蘑菇云；有高山流水式样，即盘发至头顶，头后扁平，发顶布满手工小卷；有反翘式样，其前额发高耸，犹如一卷飞檐。年轻女子不流行烫发，最多烫个前刘海，大多喜欢梳马尾辫或剪童花头式样，显得清纯而富有活力。画新娘妆和晚妆的女子喜欢烫发并将头发盘起，在额头前、耳畔留上几缕卷发，显得羞涩热闹。

这一时期中国人在发式上所表现出观念的转变，最突出的莫过于对披肩长发的认同。披头散发在中国自古以来就是一种不合礼教的装扮，但在改革开放之后，中国人破天荒地第一次对这种发式认可、接受、喜爱，并使其流行开来。当然，披肩长发需要根据实际情况，结合烫发或通过其他发式造型手段形成上紧下披式，才显得整齐干净（图4-17）。

(a)　　(b)　　(c)　　(d)

图4-17　20世纪80年代的中国女子发式

第五节　20世纪末的妆饰

当地球成为"地球村"后，妆饰更加成为一件在村里任意流传的小事。此时，中国人已经从单纯的模仿进入到了自我思考的阶段，信息的高科技化使得东西方的时尚差异不再明显，潮流之风吹遍了世界每一个角落，但是由于东西方世界对审美价值观的理解还存在很大差异，所以中国人开始有选择性地运用唾手可得的信息。时尚产业迅速崛起，妆饰不再是少部分人的事了，追求个性美的发展成为了每个女性成长的必修课。然而20世纪末又是一个复古与科技纠缠的时代，20世纪末的"阴影"与"希望"，在90年代矛盾的纠缠中得到体现，妆饰流行　方面反照人心的繁杂，一方面则走向融合的时代。新生代消费者面对多样化的选择，只追求专一风格的现象不复存在了。20世纪末同时并存各种不同的价值观，显现了后工业时代的特性。新生代挑选装扮，就像在超市中挑选物品，可以任意挑一种自己认同的流行族群来扮演。90年代的新人类，正是从电子音乐和电脑游戏中吸取成长养分的一代，科技如同血肉般长在他们的躯体中，晶片、键盘、磁片与网络对他们来说就如同上一代的书本、文学和艺术。

一、化妆

美容化妆已经普遍到了"人人都化妆"，现实中女士们越来越注重保养品而非化妆品。唯美主义仍旧是化妆的主流，化妆要考虑TPO原则，即什么时间、什么场合、什么人物要求画什么样的妆容。与此同时，在各种美容杂志及各大秀场上，化妆方式遍地开花，时尚前卫的妆容不再是人们模仿的对象，而是成为了纯粹的观赏对象，人们的审美观不断地受到一轮轮的冲击，其心理承受能力也不断提高，化妆已经像做游戏一样自由发挥，并且离日常生活渐行渐远。

1. 裸妆

当浓妆出现在特定的场合中时，生活中的人们则追求自然的裸妆效果。裸妆也称透明妆，就是画了淡妆，但是却让旁人感觉没有化过妆，呈现出自然、本真的效果（图4-18）。这与80年代的浓妆艳抹形成强烈的对比，人们在"过度"的化妆之后开始回归自然的本色，西方模特本色到以天然肤色、甚至小雀斑为美。

2. 烟熏妆

黑黑的眼圈，本是经常熬夜的人所呈现出的一种生理现象，但如果真化妆成面无血色、脸颊凹陷、眼周漆黑的形象，则绝无美感可言。然而在20世纪末人们的眼里，这与传统精致甚至理智的妆容相比太有舞台感和震撼效果了，而且这样的画法使得双眼在视觉效果上显得奇大无比，正符合人们所追求的大眼睛效果。因此，这种妆容一经推崇便迅速流行开来，到现今仍是许多时尚人士的最爱（图4-19）。

图4-18　裸妆

图4-19　烟熏妆

3. 复古妆

当新人类成长为设计师后，主流妆饰在20世纪末的不安感里摸索新的方向，他们以回顾作为确定未来的方法。许多死亡的流行现象不断复活，所以我们有了新嬉皮、新朋克、新古典风貌，并可以无限延续下去，让过去不断在未来永生。在20世纪90年代的秀场舞台上，散布着大量的文化遗迹，从印第安民族风、维多利亚式、世界大战风、50年代新风貌，到70年代嬉皮，所有的设计师都尽可能地复古，从材质、技法到色彩搭配，不放过任何拷贝旧妆饰的细节（图4-20）。

图4-20 复古妆

4. 金属妆

玩色彩已经过时，玩个性才够酷，对科技的崇拜和未来的无限遐想使得金属色和闪亮面饰大行其道，文身和彩绘也开始步入人们的生活。在20世纪末到来的时候，金属色和"世纪末的颓废、华美"之风压倒了一切，女子们通过画一个伤感的妆来应和着世纪末的人们内心的感受（图4-21）。

图4-21 金属妆

5. 整容

与各式化妆相反，20世纪末的整容之风一发不可收拾，因为化妆只是暂时的美丽，"人造美女"可以彻底使旧貌换新颜。改革开放时代，美女各领风骚，审美标准逐渐和西方接轨，对身体各部位的要求具体化到数字，形成了丰乳骨感的美女标准，通过隆胸、吸脂等手术重新整合身体的相关部位，用人工改造的方法使身体各部位基本符合现代美女的标准。

二、发式

20世纪90年代世界上的极端发型有两种类型：极端的直与极端的乱。极端的直就是将头发用板烫和离子烫的方式完全拉直，接近几何意义的直和无限的顺滑。飘逸的直长发和简洁平滑的短发尽情演绎着浪漫和纯情。极端的乱发就是长碎发，凌乱得好像早晨起来没有梳头，俗称"鸡窝头"。但是这种乱并非指随心所欲或原始状态，而是经过精心刻意地塑造。沙宣引领着世界美发行业的潮流，国际主流发型体现了一种刻意的不完美精神。经典、简约、凌乱、时尚、个性，这些都是发型所追求的基本风格。人们可以通过不断地变化自己的发型，在生活中不断地变化着自己的角色。

90年代中国在发式观念上最大的突破就是不再有男女性别的界限。女子在中国破天荒地第一次可以剃板寸和光头；男子也可以留长发、扎马尾、烫发卷，甚至长发披肩。

多元化的年代里，美发时尚不再为某一种潮流所主宰，以往每个年代曾经流行过的元素，经过富有创意的排列组合，都在这个年代里以崭新的姿态重新登上历史的舞台。染发迅速发展成为全球性潮流，它不再是前卫时尚的专属，而技术的日益成熟又带来前所未有的美发新乐趣。发型更新更奇、染发更艳更美，预示着下个世纪美发新时尚（图4-22）。

图4-22 20世纪末的"多元"发式

第六节　21世纪初的妆饰

21世纪的世界将朝着跨越文化、地域和行业的方向发展。混血儿的美、动漫战士般的化妆、部落的装饰和自己动手的发型都体现出世界各地文化的交叉和融合。21世纪的妆饰文化更趋多元，再加上电脑技术的发达，使得"没有做不到的，只有想不到的"。不论是化妆，还是发型、帽式，都追求强烈的视觉效果，讲究形式感和造型感，追求艺术性和整体性。

一、化妆

由于电脑修图技术的飞速发展，让经过电脑精心修饰完成的化妆造型图片看上去非常完美、精致细腻、毫无瑕疵。科技的成分增加了，人工的痕迹重了，纯天然的东西少了，化妆造型中的真实感难觅踪迹了。

1. 裸妆

名称虽然不变，但实际的化妆效果却大大的不同。21世纪初的裸妆以肤色自然清透为美，以红润健康为美，以眉型精致自然为美，以眼影淡雅柔和为美，以唇膏无色透明为美……一切都做到不让人察觉化妆的存在，但其实，上镜的裸妆底色是很浓的，浓到能遮盖住皮肤的一切瑕疵，令皮肤完美无缺（图4-23）。此外，无论是白嫩的肤色，还是晒成黝黑的古铜色肌肤，都可以经过电脑的处理，细致得看不见毛孔。

图4-23　裸妆（上镜的）

2. 烟熏妆

烟熏妆被改良发挥，不再是黑黑的眼圈造型，而是泛指所有深色眼影渐渐晕染所形成的雾状效果。其形式、名称的划分也更加详细，如用彩色眼影晕染的叫"彩熏"，晕染面积比较小的叫"小烟熏"，只晕染下眼影的叫"下熏"等。烟熏妆的持续流行，说明了追求大眼睛的效果是女性共同的审美心理，而晕染得非常柔和细致的眼影画法又要求具备一定的技术，因此，烟熏妆不是普通人所能轻易掌握的，它标志着明星式的妆容，在正式场合中大放异彩（图4-24）。

图4-24　烟熏妆

3. 创意妆

人类进入创意时代，化妆设计不再受限制，加上电脑的修图技术，许多化妆大胆而富有创意（图4-25）。人们开始追求强烈的视觉冲击力，甚至打破传统美的界限，力求让人一眼看到便能记住。以前不敢用在脸上的颜色纷纷大胆使用，人体彩绘也开始热门，五颜六色的化妆品开始往身上、头发上涂抹，整个人体都成了调色板，化妆艺术家在上面尽情地创作艺术作品。各种特殊材质也开始运用到化妆中，例如用羽毛、纸、亮片、水钻、金属、塑料、花卉等拼贴出各种图案粘在脸上作为装饰。

(a)　(b)

图4-25　创意妆

二、发式

21世纪是个张扬的年代，当人们跟随时尚走入21世纪的时候，所有的发型好像都被尝试了，越来越难得有惊喜。如果想保持自然本色，可以不用刻意地去跟随潮流，无论是直发还是烫发，要看你的头发适合什么样的样式，简单随意就好；如果想让头发看起来比较性感，可以把头发弄乱再喷上发胶或者摩丝，然后让它自然风干就行；如果想让颜色更加大胆，可以将梦幻的紫色、粉色，甚至银白色直接用在头顶上，让整个造型呈现未来时空的神秘感，更富有生命力……进入21世纪后，发型变化进入了"百变时代"。发型设计是新世纪人们熟悉的名词，发型更多考虑了个人的喜好、性格的差异、细节上的立体化、色彩的运用、发型的非凡质感。人们喜欢请功力精湛的专业发型师打造非凡的个人造型（图4-26）。

(a)　　　　　　　(b)　　　　　　　(c)

(d)　　　　　　　(e)

图4-26　21世纪初期的女子发式

思考与练习

1. 自选西方近现代的某一时期的妆饰为元素，设计一款西方近现代化妆造型。
2. 自选中国近现代的某一时期的妆饰为元素，设计一款中国近现代化妆造型。
3. 由于信息的封闭，中国古代与西方古代交流甚少，妆饰上截然不同，而到了近现代社会，信息的全球化使得中西方的妆饰不断地相互传播和交融，请思考这种相互传播和交融如何影响21世纪的人类妆饰？

第五章　化妆的设计法则

P055-P110

第五章 化妆的设计法则

第一节 化妆设计的形式美法则

在现实生活中，由于人们所处经济地位、生活习俗、文化素质、理想追求、价值观念等不同而具有不同的审美观念。然而单从形式角度来评价某一事物或某一视觉形象时，大多数人对于美或丑的感觉存在着一种基本相通的共识。人们在创造美的活动中，不断积累这种共识，不断研究各种形式美因素之间的联系，它的依据就是客观存在的美的形式法则，称之为形式美法则。形式美法则是人类在创造美的形式、美的过程中对美的形式规律的经验总结和抽象概括，形式美法则随时代的发展不断创新，逐渐成为表达特定审美内容的表现方法，也已成为现代设计的理论基础知识。

化妆设计之所以具有审美观赏意义，直接原因在于化妆设计是通过视觉的物化成果来体现美，是从外部形式上合理、完整地表现了人物形象的外在特征，因此，必定具备合乎逻辑的内容和形式。化妆的表现方式和手法虽然多种多样，但都离不开形式的设计，离不开造型艺术的基本规律与法则。这些形式美的规律与法则，在化妆设计的实践中，同样具有其重要性，为化妆设计的审美表现提供了理念、经验和灵感。研究、探索形式美的法则，能够培养我们对形式美的敏感，以便更好地去创造美。探讨形式美的法则，是所有设计学科共同的课题，掌握形式美的法则，能够使我们在化妆设计中更自觉地运用形式语言来表现美的内容，达到美的形式与美的内容的高度统一。

一、对称与均衡

对称与均衡的形式特征往往是安静、完整，它是自然界物体遵循力学原则，反映客观物质存在的一种形式。对称与均衡客观上存在着密切联系，最简单的均衡就是对称。对称与均衡所体现出来的都是一种平衡美，一方面是强调视觉上的平衡感，另一方面是满足人的心理需求，因为人的心理总是自觉地追求一种稳定而安全的感觉。如今，对称与均衡法则已相当广泛地运用于化妆设计中。

1. 对称

对称就是物体相同部分有规律的重复，即整体的各部分依实际的或假想的对称轴或对称点两侧形成等形、等量的对应关系。对称的形态在视觉上给人自然、整齐、均匀、稳定、庄严、典雅、大方、宁静的统一美感，符合人们的视觉习惯（图5-1）。

从古至今，生活中这些生动的对称形式不断给我们的设计师提供资料和灵感，对称形式在化妆造型中的运用极为广泛。例如，面部美一直讲究左右对称之美。用化妆可以适当调整脸及五官的左右不对称，弥补原有形的不足。用化妆修饰五官及其他局部时，在用色和形的把握上讲究对称性。

化妆的设计法则
057

(a) 中国器物

(b) 西方教堂彩绘玻璃

(c) 西方古典建筑

图5-1 对称设计

如在表现某个朝代的化妆特征时，可以在脸上画上对称的面饰；在设计某种时尚造型时，也可以在眼睛、眉毛或某些局部粘贴对称的装饰物等，这都会有优雅平和的柔美之感。此外，对称的发型轮廓可以表现大方、整齐之美。对称是脸部美的基本条件，也是化妆最基本的审美条件（图5-2）。

对称的方法在生活化妆中是最常用的，除了一些特殊的场合，在日妆、晚妆及婚庆化妆中都较为常见，对称美比较符合人的审美心理需求。而在表演化妆中也常常采用对称的方法，如塑造甜美纯情的少女、端庄贤惠的女子以及具有至高无上地位的威严的女王等形象时，用对称的五官刻画和发式造型会使角色形象更具有说服力。

(a)

化妆的设计法则

059

(b)

图5-2 对称法则的化妆设计

2. 均衡

均衡就是平衡，是从运动规律中升华出来的美的形式法则，即轴线或支点两侧在整体视觉上形成不等形而等量的重力上的稳定，如图5-3所示，绘画、摄影作品的构图和图案的设计具有变化的活泼感，就像是天平两侧等重后的情形，给人以沉稳中有灵活或灵活中有平衡的感受。均衡，与对称互为联系，但比对称要丰富多变。在造型设计中，均衡往往可以打破对称的呆板与严肃，追求活泼、新奇的情趣，因此，均衡也更多地应用于现代设计中，这种均衡关系是以不失重心为原则的，追求静中有动，以获得不同凡响的艺术效果。均衡的法则使化妆形式在稳定中更富于变化，通过疏密、大小、多少、远近、轻重、高低、明暗及色彩的变化，调整局部的形和色，使妆容显得活泼生动。例如，在刻画标准美的化妆造型的时候，面部化妆往往追求对称，而通过发式、装饰达到均衡的效果（图5-4）。而在许多流行的模特化妆中，往往在脸上以不对称的形式进行化妆修饰，或用羽毛、花瓣、水钻、亮片等饰物进行粘贴，既时尚又不失美感。但在整体效果上力求一种匀称、平衡、安定的视觉感受，使脸部上下、左右大体匀称、平衡，而不要把装饰物都集中在一个区域，以防造成轻重不一，使人产生不安定的感觉，当然也要避免机械的等同。

对称与均衡可以互补，在化妆设计中经常组合起来加以运用，在整体均衡中有局部的对称，在整体对称中有局部的均衡。有时大胆地运用不对称形式作为化妆修饰的手段，在保持整体平衡的基础上，通过适当的局部变化或突破，可以达到特殊的效果。

图5-3　均衡设计

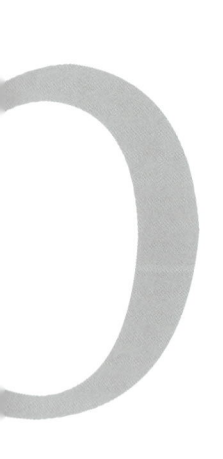

化妆的设计法则
061

(a)

图5-4

(b)

图5-4 均衡法则的化妆设计

二、对比与调和

对比与调和构成化妆形式美诸多法则中最基本、也是最重要的一条法则。对比与调和是相对而言的,没有对比就没有调和,它们是一对不可分割的矛盾统一体。

1. 对比

对比也称对照,就是应用变化原理,认识物与物之间的区别。把差异很大的几种视觉要素成功地搭配在一起,形成一种鲜明强烈的变化和差异感,但仍具有统一感,从而可以使一些可比成分的对立特征更突出、更强烈,使不同的因素在对抗矛盾中相互吸引、相互衬托,具有多样性和运动感的特征,会在人的心理产生强烈的刺激美感,能使主题更加鲜明,视觉效果更加活跃。一般只要是性质相反而且相似要素较少的东西,就可表示出"对比"的现象来。艺术形式中的对比因素很多,对于视觉形象而言,主要通过色调的明暗、冷暖,色彩的饱和与不饱和,色相的迥异,形状的大小、粗细、长短、曲直、高矮、凹凸、宽窄、厚薄,方向的垂直、水平、倾斜,数量的多少,排列的疏密,位置的上下、左右、高低、远近,形态的虚实、轻重、动静、隐现、软硬、干湿等多方面的对立因素来达到,体现了哲学上矛盾统一的世界观(图5-5)。

对比法则广泛应用在化妆设计中,通常运用对比关系突出人物的某种特征,同时,令视觉效果更明显、更强烈。例如,当需要表现一个角色的冷漠或具有某种象征性特质时,可以用白色打底,用黑色刻画眉毛与眼睛,以黑与白的对比来显示角色个性。对比运用主要有色彩对比、形状对比、肌理对比等,具体表现在大小、高低、形状、方向、线条曲直、横竖、虚实、色彩、质地、光影等方面。在同一因素之间通过对比,相互衬托,就能产生不同的形象效果。对比强烈,则变化大,感觉明显,化妆中往往采取强烈对比的处理手法达到重点突出的效果;对比小,则变化小,易于取得相互呼应、和谐、协调统一的效果。因此,在化妆设计中恰当地运用强弱对比是取得统一与变化的有效手段。

图5-5 对比设计

2. 调和

调和就是适合，与对比相反，是指各个部分或因素之间相互协调，亦指可比因素存在某种共性，也就是同一性、近似性或调和的配比关系。即构成美的对象在部分之间不是分离和排斥，而是统一、和谐，被赋予了秩序的状态。一般来讲，对比强调差异；而调和强调统一，差异程度较小。化妆中，可以通过适当减弱形、线、色等要素间的差距以达到整体的和谐感，如组图5-6所示，在这些设计作品中，运用了同类色与邻近色组合，具有和谐宁静的效果，给人以协调感。对比和调和是相对而言、相辅相成的。对比使造型生动、个性鲜明，可产生醒目、突出、生动的效果，避免平淡无奇；调和则使造型柔和亲切，可产生安定、舒适、完整的感觉，避免生硬或杂乱。化妆造型中应始终强调整体统一性观念。无论是脸部结构及脸型的处理，还是局部五官的刻画，在化妆手法、色彩、材料的运用等诸多方面都应强调整体统一的手法，通过调和处理达到协调的视觉效果（图5-6）。

在化妆中，调和设计是最常用的表现方法之一，因为人的五官和色彩，只有达到调和才容易产生美感。这是人的生理因素所决定的，也是人的审美心理所需求的。调和设计不仅运用于妆面色彩，还运用于发型、五官刻画的样式以及整体搭配中所用的装饰材质（图5-7）。

图5-6 调和设计

化妆的设计法则
065

(a)

图5-7

(b)

图5-7 对比调和法则的化妆设计

三、节奏与韵律

节奏与韵律往往互相依存,是密不可分的统一体,是美感的共同语言,是创作和感受的关键。一般认为节奏带有一定程度的机械美,而韵律又在节奏变化中产生无穷的情趣,如植物枝叶的对生、轮生、互生,各种物象由大到小、由粗到细、由疏到密,不仅体现了节奏变化的伸展,也是韵律关系在物象变化中的升华。

1. 节奏

节奏本是指音乐中音响节拍轻重缓急的变化和重复,但它不仅限于声音层面,景物的运动和情感的运动也会形成节奏。节奏存在于客观现实生活之中,当审美对象所体现出的节奏与人的生理自然秩序相同步,人就产生愉悦、和谐感(图5-8)。化妆造型中的节奏主要体现在形、色、质的综合运用上。例如线条的轻重、直曲,色彩的强弱、明暗,脸部结构的凹凸变化等。这些要素的交替错落、灵活运用会产生一定的生动感和韵律感,避免妆面出现呆板、单一的假面具效果。但是,面部化妆的节奏感存在一定的局限性,故应将妆面与发型、发饰综合在一起进行整体设计,因为发型与发饰既是造型的重点,也是最容易出效果的部位,这样就更容易产生和谐统一的节奏感。例如,用长短不一、粗细不一的线条在眉眼、发型、饰品上进行某种有规律的排列、组合,形成整个造型的节奏美,也可以在眼眉部制作由短到长、由疏到密、由小到大的夸张睫毛或其他装饰品,塑造出具有节奏美的局部形象。

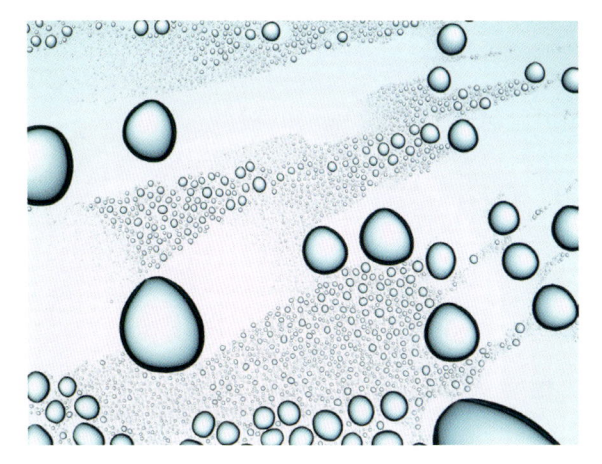

图5-8 节奏设计

2. 韵律

韵律是节奏的变化形式，是一种和谐美的格律，可以解释为以"律"来规定"节奏"，使"节奏"在"律"中进行，从而有强弱起伏、抑扬顿挫的规律变化，产生优美的律动感。中国的书法就具有这种律动感，一条优美的弧线，它的每一阶段的形态要美，这种美又是在一定规律中发展而成的。线的弯曲度、起伏转折及前后要有呼应，伸展要自然，要有韵律感，具有秩序与协调的美。形象的反复、连续、排列、对称、转换、均衡等，几乎都有严格的音节和韵律，形成一种非常优美的形式（图5-9）。在化妆设计中，韵律包含着近似因素或对比因素有规律、有组织的交替、重复，需要把形、色、质有计划、有规律地组织起来。并使之符合一定的变化，在和谐、统一中包含着更富变化的反复。而不能忽这忽那，或只呼不应，或疏密无致。许多化妆作品杂乱无章、支离破碎或平淡无味，大多是没有掌握韵律和节奏的法则。所以在化妆设计中，应将节奏与韵律完美地结合在一起，创造出一种优美的视觉感（图5-10）。

图5-9 韵律设计

(a)

图5-10

化妆设计
070

(b)

图5-10 节奏、韵律法则的化妆设计

四、比例与尺度

比例是理性的、具体的，尺度是感性的、抽象的。比例与尺度都能转化为量化的美，一般说美术作品的形式结构和艺术形象中都包含着一种内在的抽象数字关系，这就是比例和尺度。但并非任何形式的比例都能很好地展现形态的美感，完美的形态应具备协调匀称的比例和尺度，正确的比例和尺度是完美造型的基础和框架。

1. 比例

比例是物与物相互关系的定则，表明各种相对面间的相对度量关系，体现各事物间长度与面积，部分与部分，部分与整体间的数量比值。人们在长期的生产实践和生活活动中一直运用着比例关系，并以人体自身的尺度为中心，根据自身活动的方便总结出各种尺度标准，体现于衣食住行的器用和工具的制造中。在美学中，最经典的比例分配莫过于"黄金分割"了，早在古希腊就已被发现的至今为止全世界公认的黄金分割比为1：1.618。黄金分割比例在造型艺术上具有很高的美学价值，世界上许多美妙的造型，都是依照该比例创造出来的，例如达·芬奇的《维特鲁威人》、达维特的《萨平妇女》和米勒的《拾穗》的构图，雅典的帕台农神庙，巴黎圣母院，巴黎铁塔，维纳斯女神和阿波罗太阳神的塑像等。中国古代画论中"丈山尺树，寸马分人"讲了山水画中山、树、马、人的大致比例，其实也是根据黄金分割而来的。恰当的比例有一种协调的美感，是形式美法则的重要内容（图5-11）。美的比例是平面构图中一切视觉单位的大小以及各单位间编排组合的重要因素，对于化妆而言，比例是化妆各部分尺寸大小之间的对比关系，比例的应用对化妆造型产生的视觉效果有很重要的作用。例如五官之间的大小关系，五官与面部之间的大小对比关系等。另外，化妆色彩的比例关系也应着重考虑。

在化妆造型中，比例设计方法多种多样，可以用面部与发型的轮廓比例来塑造形象或改变形象，如：放大发型与面部的轮廓比例可使脸型显小；加长刘海的长度可使脸型显短；增加刘海的宽度与侧发可使脸型显窄。

在进行五官的刻画时，同样能运用比例关系来达到最佳的化妆效果。例如，通过化妆，使眉毛与眼睛之间的比例、眼睛与鼻尖的比例，人中与下颌的比例等恰到好处，从而改变人的脸型与局部形态。改变的程度与效果则与下面所说的尺度有关。

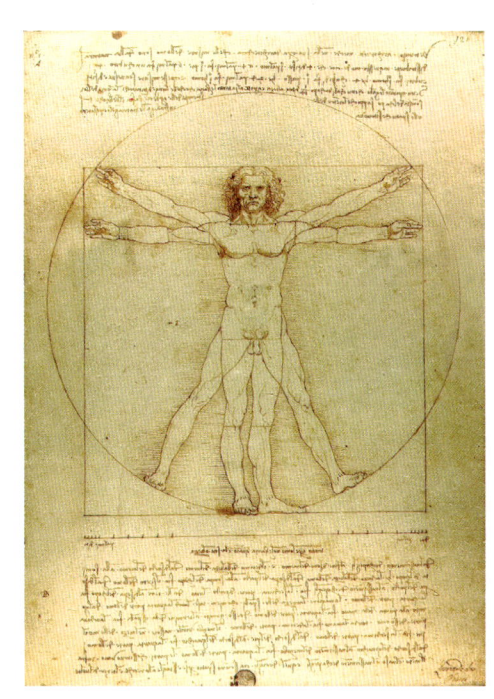

图5-11 比例设计

2. 尺度

从美学意义上讲，尺度是一种感觉上的印象，其中包含体现事物本质特征和美的规律的意思。造型若只有良好的比例而无正确的尺度去约束，则该设计往往缺乏整体美感。所以，正确造型设计的次序应该首先确定尺度，然后根据尺度确定和调整造型对象的比例。化妆要求在形、色等方面都要有一个适当的美的标准，即要有符合美的规律的尺度，然后才是比例和细部的调整。圣·奥古斯丁说："美是各部分的适当比例，再加一种悦目的颜色。"这里的"适当"就是指要有恰如其分的"尺度"的把握。如"三庭五眼"是脸型及五官的标准比例，如果符合该比例关系并保持和谐，就能产生美的视觉效果（图5-12）。当用传统美的标准来完成化妆造型时，往往给人一种合乎常情、真实、自然、舒适的感觉，化妆造型时应该尽可能用可行的技法进行取长补短的处理。

(a)

(b)

(c)

图5-12 比例、尺度法则的化妆设计

反之，当比例与尺度关系被不同程度地打破时，会产生各种视觉效果，可能会获得意外的收获。如运用夸张的手法给人以超过真实大小的尺度感，化妆效果也会因一反常态而引人注目。因此，可以借用丰富的想象力，用化妆的手法来增强或减弱人物的局部或整体的特征，从而达到一种特殊的视觉效果，起到画龙点睛的效果。当然，运用中应注意从整体感方面加以衡量，要恰到好处（图5-13）。

另外，视错在化妆设计中也具有十分重要的作用，在化妆造型中经常会运用观者的"视错"感觉，弥补或修饰整体缺陷，这在绘画化妆法的表现中尤为多见。如修饰面部结构线时，借用线条横宽竖窄的错觉现象，能塑造新的结构特征。又如修饰面部凹凸结构时，运用明暗层次的错觉现象，能表现新的立体结构特征。可见，利用视错规律进行综合设计，能充分发挥造型的优势。

形式美基本法则是对自然美加以分析、组织、利用并形态化了的反映。从本质上讲就是变化与统一的协调。它是一切视觉艺术都应遵循的美学法则，贯穿于包括绘画、雕塑、建筑等在内的众多艺术形式之中，也是自始至终贯穿于化妆设计中的美学法则。不同时代、不同地区、不同民族，尽管化妆形式千差万别，尽管人们的审美观各不相同，但这些美的基本法则都是一致的，是被人们普

化妆的设计法则

073

图5-13 反比例尺度法则的化妆设计

遍认可的客观规律,因而具有普遍性。

运用形式美的法则进行化妆设计时应注意:

第一,要透彻领会不同形式美的法则的特定表现功能和审美意义,明确欲求的形式效果,之后再根据需要正确选择适用的形式美法则,从而构成适合需要的形式美。

第二,形式美的法则不是凝固不变的,随着美的事物的发展,形式美的法则也在不断发展。特别是在创意造型中,一些幽默、怪异的非主流风格开始出现,反映了当代人的心理需求和审美观念的更新。因此,在化妆设计的创造中,既要遵循形式美的法则,又不能犯教条主义的错误,不能生搬硬套某一种形式美法则,而要根据内容的不同来灵活运用,在形式美中体现创造性。

第二节 化妆设计的形态要素

自然界的万物构成都离不开点、线、面、体几种基本形态。点、线、面、体可以创造出世间百态,是造型艺术最基本的形态元素,也是每个造型设计师必须熟练掌握的设计语言。在化妆设计中,人的造型属于立体形象,只有合理运用美的形式法则安排好点、线、面、体之间的相互关系,才能设计出具有最佳视觉效果的人物形象。但有一点要注意:化妆是以"人"为基础进行造型设计的,化妆设计要通过人为表现对象和展示技法,才能得以完成,点、线、面、体在化妆设计中的运用要受到人固有形态的限制,所以,化妆设计的起点应该是人,终点依然是人。纵然化妆形式千变万化,然而最终还要受到人的局限。不同地区、不同年龄、不同性别的人，其外貌不尽相同，此外，人对生活化妆和演艺化妆有不同的要求，因此只有深切地观察、分析、了解人的外形特征和要求，才能利用各种艺术和技术手段使化妆艺术得到充分的表现。

一、化妆设计中的点

1. 点的定义

点是空间形态中最简洁的元素，是线的起点、终点或局部，也是最活跃的元素。点最重要的功能就是表明位置和进行聚集，点也是力的中心，点在空间中的不同位置、形态以及聚散变化都会引起人的不同视觉感受。在视觉审美中，可视的点，一般是指分割面相对细小的形象，所谓细小是相对于周围的环境而言。点是灵活多变的，点的形态、大小、位置、数量、色彩、排列、质地的不同对视觉主观感受有很大影响，会给人以不同的心理感觉。

2. 点在化妆设计中的应用

对于面部形态审美来讲，存在大量点的概念。所谓的点是相对一个人面部轮廓的大小来看的，在这里点是一个概念和相对于面的一种视觉形态，如眼、鼻、唇、眉、腮红以及这些局部的自身轮廓中所包含的点，还有在脸部的所有附加装饰物等都可以被视为一个可被感知的点。面部的点有各种形状，有不同的面积。点的位置、面积大小、色彩和质感都会影响面部美的体现。我们了解点的一些特性后，在化妆设计中恰当地运用点，富有创意地改变点的位置、数量、排列形式、色彩以及质地等，就会产生出其不意的艺术效果。

（1）点以单独的一个点的形态出现时，在面部的不同部位会给人不同的感觉，它具有引人注目、诱导视线的作用。

当只有一个点时，单个点会吸引视线并使其停留，产生强调作用。由于人们的视觉就集中在这个点上，因此，点具有紧张感，具有张力作用，造成心理上的扩张感。点在中心位置时，可产生扩张、集中感。点在空间的一侧时，可产生不稳定的游移感。如图5-14所示，对五官局部的强调刻画，就是运用了点的集中作用，加强了妆容的视觉感和吸引力。

图5-14 化妆设计中点的应用

在化妆中用"点"，不仅可以强调局部，也可以用"点"来塑造角色性格。例如，在表演化妆中，在演员的面颊上加一个醒目的黑点，观众马上就会联想到该角色可能是反角。有时候，塑造一个心狠手辣的坏女人，在上唇上加一个黑点也会有极佳的效果。当然，点的位置是非常重要的，如果点在眉心，就有慈眉善目的佛相；而如果点在眼睛下，就会令人产生其他的感觉。这些都是源于人的审美经验和生活经验，化妆常常利用这些因素来塑造不同的角色形象。

（2）点以两个或多个点的形态出现时，可以有不同的对应关系，性质会发生改变。

当有多个点时，它将接近线或面的性质。很多间距很近的点连续排列就给人线的感受，这就是点的线化和面化。点的竖直排列能产生直向拉伸的苗条感，点的水平排列能产生横向的拓宽感，点的曲向排列能产生高低起伏的波浪感（图5-15）。

在化妆中运用点时，应该有发散性的思维。有时候，一个明显的点或者以点的形式塑造的一个局部可以吸引目光，成为焦点；但两个或两个以上的点所形成的设计语言常常会传达更加丰富的信

图5-15 多点的形态

息。例如，当我们在眼窝处涂红并视其为点，将嘴唇亦作点红妆饰，那么这个妆容就会明确地表达出作者的设计思想，即用中国的戏曲元素或者唐代妆饰来创造时尚妆。这样的运用，就不仅仅是表达某一个点的局部形象。

（3）多个点会使视点往返跳跃，分散其力量。

点是化妆造型设计中不可缺少的点缀物，可使造型更生动、活泼、变化。将其巧妙搭配可使造型生辉添彩。在化妆造型中，点是一个局部、一个细节，所以每一个点的强调都必须结合整体造型，点的强调不宜过多，也要注意主次、强弱等，要合理安排，否则会显得凌乱而破坏整体或过于规则而缺少节奏。如以下大师作品中，眉、眼、唇、耳饰、发饰等多个点的修饰都很精彩，但主次分明、节奏感强，同时又相互呼应，构成了内容丰富、重点突出、整体感强的造型（图5-16）。

图5-16 多点的化妆设计

二、化妆设计中的线

1. 线的定义

线是点移动的轨迹，具有位置、粗细、方向与和长度上的变化，它在空间中起着连贯的作用。线分为直线和曲线两大类，线因方向、形态的不同而产生不同的视觉感受。通过对线进行不同比例的分割，会形成空间层次的韵律感，达到良好的视觉秩序，产生和谐统一的美。此外，通过改变线的长度可产生深度感，而改变线的粗细又可产生明暗效果等。（图5-17）

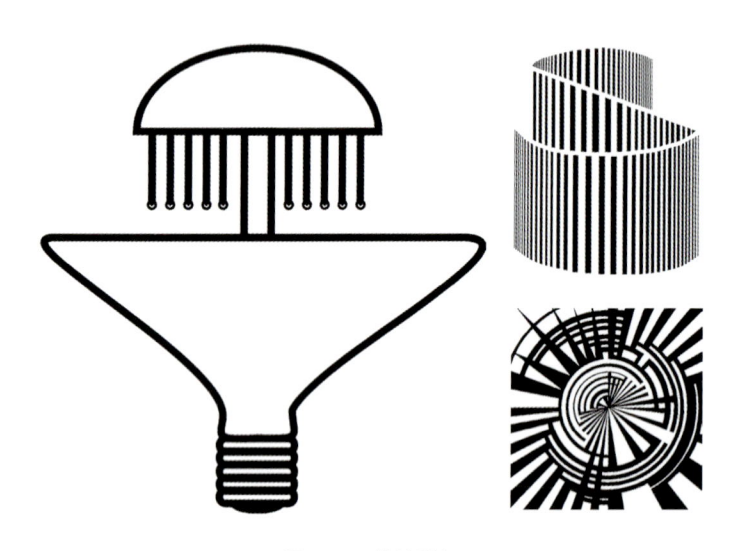

图5-17 线的形态

2. 线在化妆设计中的应用

在化妆设计中，线可分为轮廓造型线、立体结构线、装饰添加线。线比点更能表现出较强的感情和性格，在化妆造型领域里，线条有它独特的魅力，一般而言，不同长短、粗细、曲直的线具有不同的作用和语义。在设计过程中，巧妙改变线的方向、曲直，或调整线的长度、粗细、浓淡等比例关系，将产生出丰富多彩的构成形态。线的类型很多，以下为几种常见的基本线型。

（1）垂直线：具有修长、上升、严肃、硬冷、清晰、单纯、理性的特点（图5-18）。

(a)　　　　　　　　　　　　　　(b)

图5-18 垂直线的形态

化妆的设计法则

077

图5-19 水平线的形态

（2）水平线：具有舒展、稳定、庄重、安静的特点，让人感到畅快和平稳（图5-19）。

（3）斜线：具有不稳定感。其中，折线具有冲动感，给人以心理上不均衡与冲突的感觉（图5-20）。

（4）曲线：不同的曲线给人以不同的视觉感受。粗曲线显得迟缓、沉稳，给人以静止感；细曲线显得飘逸、虚幻，给人以强烈的动感；自由曲线有奔放、活泼、轻盈、柔美等特征，给人以轻松感；几何曲线则有理智、流动、速度的特征，给人以规范、成熟、严谨感（图5-21）。

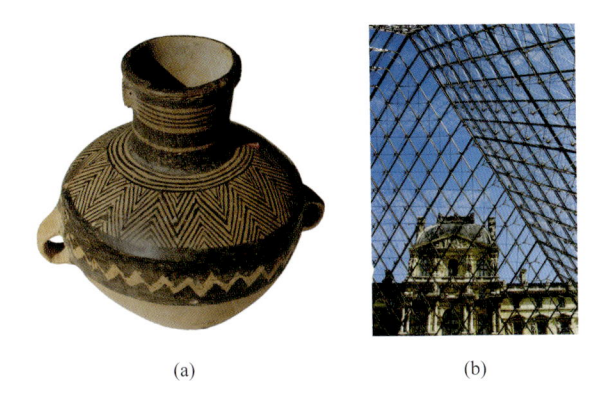

图5-20 斜线的形态

图5-21 曲线的形态

化妆设计
078

　　当然，粗细、长短、曲直、浓淡、深浅不同的线条有着更为复杂的视觉效果，展现了方与圆、大与小、虚与实、刚与柔、轻与重、粗与细、动与静、纯与灰、亮与暗、收与放、凹与凸等对比效果。在化妆造型领域里，可以从线的表现中得到启发和借鉴。这些对比的统一，形成造型艺术独特的形式美感。例如，在化妆造型中，对线条的把握与运用会直接影响化妆效果和人物的性格塑造。如果在线条的处理上力求柔和、多运用曲线，可以让人显得妩媚；如果采用硬朗的线条，则会产生坚强的性格感。又如化妆中，轮廓的形态常常是由线条来表现的，甚至发型设计中的发型轮廓、块面组合与块面对比也是由线条形成的。在化妆设计时，线条的长短、粗细、曲直、浓淡以及形状的不同变化，都会给化妆造型带来截然不同的效果（图5-22）。

　　化妆中运用线条来表现人物的美感是最基本的技法，在表演化妆中，线条常常用来塑造人物的性格特征。例如眉毛的形态是以线条呈现的，细线条眉毛有人工装饰的特征，如果表现30年代的女子和具有某种身份的女性就很贴切；眉头向中间聚拢，眉梢向上挑起的粗线条眉毛，一定给人愤怒、凶悍之感；而眉头向上扬起，眉梢向下挂的眉毛，无疑表露出悲伤哀愁的表情。眼睛的线条同样如此，细长的眼线，眯缝着眼睛，像狐狸；将内眼角的眼线向鼻梁处延伸成夹角，外眼角的眼线向外上方斜拉，会使角色显得精明、精神或者严厉。化妆中的线条有时候可以单独使用和表现，但如果要取得最好的化妆效果则需要与其他造型要素结合起来运用。

图5-22　化妆设计中"线"的应用

三、化妆设计中的面

1. 面的定义

线的移动形迹构成了面。面具有二维空间的性质，有长宽、位置、形状之别，有平面和曲面之分。面又可根据线构成的形态分为方形、圆形、三角形、多边形以及不规则偶然形等。不同形态的面又具有不同的特性，例如，三角形具有不稳定感，偶然形具有随意活泼之感。点和面之间没有绝对的区分，在需要位置关系更多的时候，我们把它称为点，在需要强调形状面积的时候，我们把它看为面。

2. 面在化妆设计中的应用

一定的面积形成一定的形状，面所形成的形状在化妆设计造型中运用广泛。在化妆中轮廓线、结构线和装饰线对面部和发型的不同分割产生了不同形状的面，面的形状千变万化，同时这些面所呈现的布局又丰富多彩。它们之间的比例对比、质地变化、色彩配置以及装饰手段的不同能产生风格迥异的妆容效果。在化妆设计中，通过强调面的形状和面积可以给人不同的感觉。

（1）直线构成的面：也就是几何形的面，具有直线所表现的心理特征，它呈现出简洁、稳定、井然有序的特点，给人平静、稳定、简洁、秩序、理性化感觉。

（2）曲线构成的面：比直线构成的面柔软，具有优美、韵律、典雅、轻松、流动、女性化等感觉。完全对称的曲线构成的面也会有理性秩序感，有变化的几何曲线形更富美感。自由曲线形不具几何秩序，是女性特征的典型代表，在心理上可产生幽默、魅力、柔软和带有人情味的温暖感觉，但若处理不好，易产生散漫、无秩序、繁杂的效果。

（3）斜线构成的面：有动势、动感强，其倾斜角度越大，动感越强。它具有稳定、尖锐、强烈刺激感。

实际上，在化妆设计中相对于"点"、"线"，"面"的运用更为直接。作为直观的形象而言，当面部静止时，化妆呈现在人们视野里的首先是它的形式（形状、造型）。形状不同的面产生的轮廓有很大区别，面的边缘决定了脸型、五官和脸局部的形的轮廓效果，如方形、圆形、三角形、多边形等几何形以及不规则自由形。方形稳定而严肃；圆形富于变化，有丰满圆润之感；三角形有强烈的刺激感和不安定感；自由形则形式变化明快、随意。可见不同的符号传递的信息是大不相同的。同时，脸部的所有面又以人面部的立体结构为基础，相互交错组成不同的明度和色相。可见，"面"是构成化妆形式的主要元素，妆容变化的鲜明特点之一就是各轮廓线的改变。所以，化妆其实也可理解为面的造型，具有由各种"面"组合而成的立面效果。事实上，化妆设计中，"面"作为构成形体的元素有时是可以相对地独立于"体"而存在的，当我们将"面"从"体"中剥离出来，还原其作为独立的造型元素来进行形式编辑时，既可强调"面"的效果，又可丰富"体"的结构特点。化妆造型中形的体现是关键，以"面"为审美点，设计者不断追求形式上的创新。因此，在化妆处理上一定要把握好形状、大小、浓淡、虚实的变化及点、线、面的结合（图5-23）。

化妆设计
080

(a) 此造型的设计主旨是表现"狐"的艳媚,造型中夸张的眼部修饰,将面与点结合在一起,即在形上强调了"狐"的特征,又让模特妩媚十足,小亮钻点饰其中,增加了细节美

化妆的设计法则 081

(b) 此造型突破了传统的五官修饰方法，把重点放在了对额部色彩的描绘，将其"面化处理"，衬托了模特幽远、淡定的眼神

图5-23 化妆设计中"面"的应用

四、化妆设计中的体

1. 体的定义

体是由面与面的组合而构成的三维空间的实体,与点、线、面相比,体更具有充实感、量感。不同形态的体具有不同的个性,同时从不同的角度观察,体也能表现出不同的视觉形态。

下列著名建筑分别呈现出不同的几何体,建筑本身也因为这些几何体的不同特征,有了独特的造型美感(图5-24)。

(a)

(b)

(c)

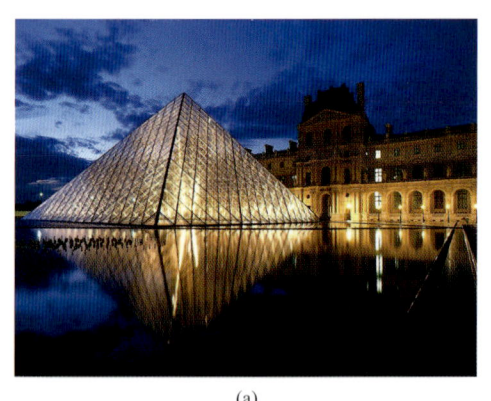

图5-24 体的形态

2. 体在化妆设计中的应用

化妆是立体的造型艺术,体是自始至终贯穿于化妆设计中的基础要素。

首先,化妆的设计要符合头部的立体形态特征,要考虑视觉形象的体量感。化妆严格来讲就是在人的脸上塑造不同形态的体。我们在塑造面部立体时,把头部看成一个立方体而不是椭圆或鸭蛋形的脸型,这样我们在塑造形象时就变得简单多了。例如,当我们需要把一个中国人化妆成欧洲人时,首先就是要改变脸部大的结构,运用明暗层次、色彩冷暖等绘画手法来使大而平的脸具有立体效果。

其次,设计师可以通过对体的处理,反映不同的追求。为了增加力量与稳重性,可以强化体量感。如古代宫殿庙宇为了表现神或君主的威慑力,常将体量感强化。人的需求是多层次的,也可以削弱体量感来表达轻松、亲切、和谐。

所以,设计师应该树立起完整的立体形态概念,加强空间意识,培养立体塑造能力,在化妆设计中始终贯穿"体"的概念,注意每一个角度的视觉效果与造型特征(图5-25)。只有深入地观察、

化妆的设计法则

083

图5-25 化妆设计中"体"的应用

分析、了解头部的结构以及头部在运动中的特征，才能正确地利用各种艺术和技术手段，使化妆艺术达到好的效果。

化妆设计中，点、线、面、体的运用并不是孤立的、模式化的，在实际中需要将它们灵活结合，以明确表达完美的设计意境和内容。点、线、面、体既具有自身的外观形态特征，又可在创新思维及设计的表现中千变万化；它们既是独立的因素，又构成了一个相互关联的整体。点、线、面、体之间可以相互转化。点的延伸和排列，就成了线；而点和线的放大或集合则成了面。点、线、面、体具有不同的表现意义和造型特征，如线可以突出形的动感；面注重形象的强调与表现；体给人情感和心理上的量感。所以，在实际化妆造型设计过程中，点、线、面、体既是基本的造型元素，又是重要的表现手段；既能构成视觉形象、又是传情达意的艺术语言。我们要善于采用不同的组合去表达不同的情感，只有这样才能有效地唤起观者的审美感受。特别是在创意造型中，设计师可以突破传统，更多地通过造型、色彩、质地的多元变化，充分运用点、线、面、体的相互融合来表达意境、表达思想，使整体设计充满活力。如今，化妆已不再仅仅追求化妆之美，而是以越来越丰富的造型语言，表达人们对客观世界的认知，传达出人们不断探索、不断追求的生活态度和时代精神（图5-26）。

以下是学生用点、线、面、体的形态要素所创作的设计作品（图5-27）。

图5-26 整体造型中点、线、面、体的综合运用

化妆的设计法则
085

(a) (b) (c) (d)

图5-27

化妆设计
086

(e)

化妆的设计法则
087

(f)

图5-27 学生创作的化妆造型设计作品

第三节 化妆设计的色彩要素

人类对色彩的认识源自感觉,人类长期生活在五光十色的大千世界中,与色彩不断发生着紧密联系,并逐步对色彩产生兴趣,对色彩产生了审美意识。科学家研究指出,人对色彩的敏感度大大超过了对形态的敏感度。因此,有史以来人们就在美术、文学、哲学、音乐、诗歌等领域,用直接或间接的方法来描绘色彩的美感。如人们在建筑、雕塑、绘画、工艺等领域能直接地表现和欣赏色彩的美;而在文学、哲学、音乐、诗歌等领域则间接地表现和欣赏色彩的美。随着时代的进步,人们的精神生活和物质生活不断提高,人们也越来越追求色彩的美感。色彩美已成为人们物质和精神上的一种享受。

光源、有色物体、眼睛、大脑使人产生了对色彩的认知和判断能力。对色彩的感觉总是与人的视觉与知觉联系在一起。例如,诗句"两个黄鹂鸣翠柳,一行白鹭上青天"所表现的意境,就是作者运用了色彩视知觉的特殊作用,使人产生联想,从而陶醉在美丽的意境里。因此,色彩语汇在艺术设计中的地位是至关重要的,人在生理和心理上对色彩的反映同样被运用于化妆设计中。

一、色彩的视觉效果

色彩是一种视觉感受。客观世界通过人的视觉器官形成信息,使人们对它产生认识。

人们能够看到物体的色彩,是物体经光照射所发出、反射或透过的光,刺激人的眼睛所产生的现象。自然界的物体在阳光照射下,能显示各自不同的颜色,这种视觉效果是由光的吸收和反射作用造成的。当太阳光照射在物体上,复色光中的成分,有的被吸收、有的被反射出来,反射出来的色光传播到人的眼睛时,就感觉到颜色了。由此可见,物体的色彩是由该物体表面反射出来的光决定的。由于各种物体在吸收光量和反射光量的程度上存在差别,就形成了不同的色度。物体色又依照光的变化而改变,当照明光的色彩改变后,被照射体的色彩也随之改变。太阳光下的物体色彩变化较少,而舞台、橱窗为了强调表演或展示效果,往往运用各种不同的人工光来创造特定的气氛与色调。所以,化妆色彩的选择必须考虑人皮肤的固有色,要与个人的肤色吻合,同时,还要仔细考虑光线对化妆色彩效果的影响。

二、色彩的情感表达

法国著名艺术家马蒂斯曾说过:"我把色彩用作感情的表达,而不是对自然进行抄袭。我使用最单纯的色彩。"意大利摄影大师斯托拉罗也曾说过:"色彩是电影语言的一部分,我们使用色彩表达不同的情感和感受,就像运用光与影象征生与死的冲突一样。"

色彩本身是没有灵魂的,它只是一种物理现象,但人们却能感受到色彩的情感。这是因为人们长期生活在一个色彩的世界中,积累着许多视觉经验,当我们看到色彩时,会受到其视觉效果方面的影响,一旦知觉经验与外来色彩刺激发生一定的呼应时,常会把这种色彩和生活的环境或有关的事物联想到一起,从而心里也会立即产生相应的感觉,这种思维倾向称为色彩的联想,也就是色彩的情感表达,由于色彩具有情感性,人们便将一些象征意义和色彩联系在一起。色彩的联想有时是

化妆的设计法则

有形象的具体事物，有时则是抽象概念。例如：人们见到红色，通常会联想到血、火、消防车等，也会想到新年、圣诞、革命等；看到绿色可能会联想到草坪、树木、蔬菜等，也会想到青春、希望、生命等。无论有色系还是无色系，都有自己的表情特征。每一种色相，当它的纯度和明度发生变化，或者处于不同的颜色搭配关系时，颜色的表情也就随之变化了。这种色彩的情感表达，又在很大程度上受个人经验、知识以及认识的影响，也会因年龄、性别、性格、教育、职业、时代与民族的差异而有所不同。

无论是设计师还是观者，在感觉到客观色彩时，就会产生联想、记忆、思绪和情感等一系列的心理活动。在化妆造型创作中，设计师可以选择并利用色彩达到情感激发与传播的目的。而观者则被设计师用妆色营造的艺术氛围所感染，并由此产生一系列的心理活动。例如妆容中强调红唇时，充满活力、跳跃感的红唇会使人感到热情、浓艳、诱惑、温暖等，所以往往用红唇表现复古或性感形象。设计师在考虑选色和色彩搭配时，首先要考虑所选色彩在情感层面上的表达是否准确，也就是说要注意色彩特有的感情。如生活化妆中，妆色与个人气质要吻合，其实就是为了让妆色的情感特质与人的气质相协调。而创意化妆中，通过强化色彩、色调情感语言的运用，来达到象征、寓意、抒情等作用，从而更好地表现创作主题或刻画人物的内心世界，使作品在感性形式与理性内容上达到完美统一。

在情感的传达与表现中，色彩是最具分量的。因为色彩本身不仅具有很强的吸引力与诱惑力，而且更具有很强的情感象征意义，也正因如此，在化妆设计中色彩的运用非常重要（图5-28）。

(a) 这是学生课堂作业"黑天鹅"造型。头饰、服装与眼妆都用黑色修饰，结合形态与材质，共同强化了妆容的冷艳、神秘，突出了人物个性

图5-28

化妆设计
090

(b) 学生通过缤纷的色彩来表现"民族"主题的创意设计，借鉴了少数民族的色彩特点，以毛线为主要材料，表现了跳跃、趣味十足的设计风格

化妆的设计法则

091

(c) 该创意造型的设计主题为"秋"。学生用暖色调表现整体造型,报纸经过"浸油"处理,有了独特的色调,配合眼妆色彩,别有韵味,让观者充满遐想

图5-28 化妆设计中色彩的情感表达

1. 各种色彩的表情

（1）红色：是强有力的色彩，明视度很高，给人以热情、热闹、吉祥、幸福的感受，会使人联想到火或血，甚至进一步联想到炎热、危险、兴奋或激动，在中国则表示喜庆及吉祥等。红色被用来传达有活力、积极、热诚、温暖、积极等设计含义。约翰·伊顿教授描绘了受不同色彩影响的红色，他说：在深红的底子上，红色平静下来，热度在熄灭着；在蓝绿色底子上，红色就像炽烈燃烧的火焰；在黄绿色底子上，红色变成一种冒失的、莽撞的闯入者，激烈而又寻常；在橙色的底子上，红色似乎被淤积着，暗淡而无生命，好像焦干了似的（图5-29）。

图5-29　红色的色彩表情

（2）绿色：会引起人们对大自然的各种联想，以至对生命的渴望，传达着青春、理想、和平、希望和生长的意象。绿色优雅而宽容，当蓝色或黄色渗入时，黄绿色单纯、年青；蓝绿色清秀、豁达。含灰的绿色，也是一种宁静、平和的色彩。时尚的设计则越来越多地采用了这个被赋予生命理念的色彩（图5-30）。

图5-30　绿色的色彩表情

（3）蓝色：天空和大海都呈蔚蓝色，无论深蓝色还是淡蓝色，都会使我们联想到无垠的宇宙或流动的大气。因此，蓝色象征着沉静、深远、永恒；蓝色也是最冷的色，具有理智、平静、沉稳、纯净的意象。另外，蓝色还代表忧郁，神秘和高傲，这是受了西方文化的影响。蓝色与对比色组合，显得活泼、跳跃；蓝色与中性色或金、银色搭配，显得活泼、高雅（图5-31）。

化妆的设计法则

093

图5-31　蓝色的色彩表情

（4）橙色：橙色的波长仅次于红色，是十分活泼的光辉色彩，也是暖色系中最温暖的色彩，使人产生光明、华丽、兴奋和快乐的色彩感受。橙色使人想到丰硕的水果，想到金色的秋天。橙色与蓝色的搭配，构成了无比亮丽、欢快的色彩。在运用橙色时，要注意色彩的搭配和表现方式，力求把橙色明亮活泼的特性表现出来（图5-32）。

图5-32　橙色的色彩表情

（5）黄色：是亮度最高的色彩，在高明度下能够保持很强的纯度。黄色代表愉快、明朗、希望、灿烂、辉煌，又象征着财富和权利。黑色或紫色的衬托可以使黄色的视觉效果大大增强，而白色、淡粉红色的衬托又可以使黄色的视觉效果大大减弱（图5-33）。

图5-33　黄色的色彩表情

（6）紫色：具有强烈的女性化性格。通常，我们会觉得有很多种紫色，因为红色加少许蓝色或蓝色加少许红色都会明显地呈紫色，所以很难确定标准的紫色。约翰·伊顿对紫色曾做过这样的描述："紫色是非知觉的色，神秘，给人印象深刻，有时给人以压迫感，并且因对比的不同，时而富有威胁性，时而又富有鼓舞性。"尽管紫色不如蓝色那样冷，但红色的渗入使紫色显得复杂、矛盾。由于处于冷暖之间的状态，加上低明度的性质，也许就构成了这一色彩在心理上引起的神秘感。当紫色被淡化时，就会成为一种十分优美、柔和的色彩。紫色与黑色、金色、银色甚至与很强的对比色搭配时，会产生异常的效果，它会在稳定中带有鲜活、妩媚和跳跃的效果（图5-34）。

图5-34　紫色的色彩表情

（7）白色：由黑色、白色、灰色构成的无彩色系，在心理上与有彩色系具有同样的作用。其中，白色常使人联想到冬季，并感觉到虚无和柔弱，也会让人联想到纯洁、神圣、无瑕。白色还是高级、科技和纯净的象征，通常需和其他色彩搭配使用，由于纯白色会带给人寒冷、严峻的感觉，所以在使用白色时，都会掺一些其他的色彩，如象牙白、米白、乳白等。白色是永远流行的色彩，可以和任何颜色搭配（图5-35）。

图5-35　白色的色彩表情

（8）黑色：是崇高、严肃、刚健的象征，具有高贵、神秘、稳重、科技的意象，也是一种永远流行的颜色，组合适应性极广，无论什么色彩，特别是鲜艳的纯色，都能与其相配，并取得赏心悦目的良好效果。但太大面积地使用黑色会产生压抑、阴沉的恐怖感。此外，康定斯基认为，黑色意味着空无，像太阳的毁灭，像永恒的沉默，没有未来，失去希望。而白色的沉默不是死亡，而是有无尽的可能性。黑白两色是极端对立的颜色，然而有时候又令我们感到它们之间有着难以言状的共性，两者都具有抽象的表现力以及神秘感（图5-36）。

图5-36　黑色的色彩表情

（9）灰色：无论在视觉还是心理上，人们对灰色的反应都较平淡，灰色具有中庸、平凡、温和、谦让、中立的感觉，意味着一切色彩对比的消失。灰色和鲜艳的暖色在一起，会显出冷静的品格；如果靠近冷色，则变为温和的暖灰色。在生活中，灰色与含灰的色彩比比皆是，变化丰富，凡是发旧、衰败、枯萎的都会被灰色所吞没。但灰色又是复杂的色彩，漂亮的灰色也能给人以高雅、成熟、精致、含蓄、耐人寻味的印象（图5-37）。

图5-37　灰色的色彩表情

（10）褐色：让人想到香浓的咖啡、丝滑的巧克力、古典的油画，也使人想起金秋的收获季节。褐色性格显得不太强烈，其亲和性使之易与其他色彩搭配，通常用来表现浓重、经典以及原始材料的质感，或用来传达某些原料的色泽及味感，或强调古典优雅的格调和形象，具有成熟、谦让、丰富、随和之感（图5-38）。

图5-38　褐色的色彩表情

（11）光泽色：除了金、银等金属色外，所有色彩带上光泽后，就会有华美感。金色富丽堂皇，显贵气；银色雅致高贵，并会产生强烈的高科技现代美感。它们与其他色彩都能搭配，小面积点缀，有醒目作用（图5-39）。

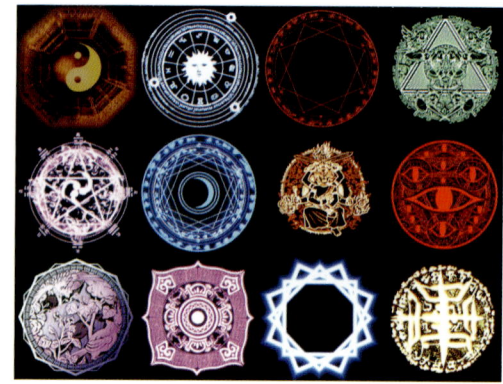

图5-39 光泽色的色彩表情

2.色觉心理

有时候民族、地域和风俗习惯的不同，同样是一种颜色，但是赋予色彩的象征性有很大区别，会产生不相同的情感。对色彩的联想感受，虽然有其主观性、片面性，但是的确能够充分表达、传递和激发人的感情。色彩是连接人们内心和外界社会的纽带，人在观察有色物体时，会由于色的刺激而产生各种各样的情感反应，产生的感情又会由于个人特定的原因及观察条件的变化而不同，但大部分人会产生相似的色彩情感反应和心理变化。色彩有冷暖、距离、轻重、华素与动静等多种多样的感觉，这些都是人们长期形成的视知觉习惯。

（1）色彩的冷暖感：色彩本身并不具备物理温度的高低变化和差异，冷、暖色分别源于色光的物理特性，更主要的是取决于人的心理因素和人的思维联想。色彩的冷暖感是人心理上的冷暖反应，与实际的温度并无直接的关系。当人们看到倾向于红、黄、橙的色相时，可使人联想到火的燃烧、太阳的升起、热血、红花等，往往在心理上产生温暖的感觉。

在化妆造型设计中，暖妆的色彩运用以暖色为主，显得喜庆、欢乐、饱满，表现人物热情、富有活力的性格（图5-40）。此外，妆色的冷暖选择与服装、肤色、人的气质有直接关系。

(a)   (b)

图5-40 暖色及其化妆设计

化妆的设计法则

097

　　人们多在冰天雪地、海洋、天空中见到绿、紫、蓝这些冷色，所以这些颜色往往给人以寒冷、宁静、疏远、严肃和空间拓宽的感觉。完全用冷色调构成的画面，还有抑郁、忧伤感。冷色系的亮度越高，其特性越明显。单纯的冷色系搭配，其视觉感比暖色系舒适，不易造成视觉疲劳。蓝色、绿色是冷色系的主要色系，既是设计中较常用的颜色，也是大自然之色，带来一股清新、祥和、安宁的空气。冷妆的色彩运用以冷色为主，显得高贵、典雅、冷艳，表现人物典雅安宁的气质（图5-41）。

　　色彩的冷暖是相对的，在不同的环境下冷和暖可以相互转换。在同一色相中，由于纯度、明度及光照的不同，也会形成一定的冷暖差异。例如暖色中的红色系，玫瑰红、紫红都是属于偏冷的红色；而冷色中的绿色系，淡绿、草绿、中绿则是偏暖的绿色，所以色彩的冷暖是不确定的，是相对的。而色彩的冷暖对比运用则是绘画和艺术设计最基本的手法和出发点，确定色彩的冷与暖，要看它放在什么样时间和环境中，其中的关键是比较，"比较"是辨别色彩冷暖的关键。例如黄色在蓝色、绿色这两个色彩环境下是暖色，而出现在橘红、朱红、深红这几个色彩环境下，黄色则是较冷的颜色。又如紫红、绿色等，与暖色的橘红相对照时属于冷色；而与冷色的蓝、青并列时又属于较暖的颜色。

图5-41　冷色及其化妆设计

图5-42 不同的色相

（2）色彩的距离感：是指人们在看相同距离的不同颜色时，产生的远近不同的心理感觉。同一背景下，面积相同、距离相同，但颜色不同的物体，由于其颜色的不同，给人的视觉感受是不一样的，有些给人以凸出向前的感觉，有些则给人以凹进深远的错觉。在色彩的比较中，给人感觉比实际距离近的色彩叫前进色；给人感觉比实际距离远的色彩叫后退色。由于环境的变化，色彩给人的进退感觉也会产生变化。一般情况下，暖色、纯色、明色、与环境强烈对比的颜色具有前进的感觉。冷色、浊色、暗色、与环境调和的颜色等具有后退的感觉（图5-42）。

在化妆中，通常运用色彩的距离感调整和强调形。将深色粉底涂在面部的外轮廓，可造成外轮廓后退收缩的感觉，从而使面部立体感增强。在做妆面整体设计时，如果想特别突出某一部位，可以选用纯度和明度都较高的色彩，同时拉大与背景色的对比，就可将人的视线吸引过来，反之，如果想弱化某一部位，可以选用纯度和明度都比较低的色彩。

（3）色彩的膨缩感：给人感觉比实际体积大的色彩叫膨胀色；给人感觉比实际体积小的色彩叫收缩色。色彩的膨胀与收缩感的成因有多种。一般来说，明色、暖色有扩张、膨胀感；而暗色、冷色则有收缩感。但和色彩的进退感一样，由于环境的变化，色彩给人的膨缩感觉也会产生变化。

化妆设计中，利用色彩的膨缩感可以调整和强调形。例如对于较大的嘴唇，可以选用明度低的冷色口红使之显小。又如浅色粉底可使脸型显得丰满些，深色的粉底可使脸型有缩小的感觉。

（4）色彩的轻重感：色彩产生轻重的感觉有直觉的因素也有联想的因素，色彩的轻重感主要通过色彩的明度和纯度的变化表现出来。一般来说，高明度色使人感到轻松，而低明度色使人感到沉重；纯度低的颜色给人以柔软温和的感觉，而纯度高的颜色给人以坚实刚强的感觉。而同一明度、同一色相下，纯度高的颜色感觉轻，纯度低的颜色感觉重。在接近黑、白、灰时，明度高的颜色显得轻，明度低的颜色则显得重。色彩的轻重感当然也受其所占面积大小的影响，面积大的颜色显得重，面积小的颜色则显得轻（图5-43）。

图5-43 不同色彩轻重的化妆设计

化妆的设计法则

099

在化妆造型中，可以选择明度偏高、纯度偏低的色彩来塑造柔美、淡雅感觉的妆容；选择低明度的色彩表现稳重、神秘、压抑气氛的妆容。

了解色彩的轻重特性，有利于在设计中，注意色彩对构图的均衡、稳定等的影响。此外，化妆和绘画一样，采用不同重量感和不同面积的色彩组织画面，会造成不同的气氛，当视觉感受较重的色彩占主导地位时，会形成低调、深沉、神秘的气氛。反之，当由视觉感受较轻的色彩组织画面时，就会形成欢快、高调的气氛（图5-44）。

(a)

(b)

图5-44　不同色彩轻重的视觉感受

（5）色彩的华素感：明亮、鲜艳的色彩，会使人感到华丽，而灰暗、陈旧的色彩会使人感到质朴，这就是色彩的华丽感和质朴感，这主要是取决于色彩的纯度和色相。通常，高纯度妆色显得华丽，低纯度妆色显得质朴。色彩的华丽程度和光泽也有关系，同一种色，有光泽感就显得华丽，无光泽感就显得质朴。而金银色由于金属贵重和富有光泽而显得华贵（图5-45）。

图5-45　华素感的化妆设计

化妆设计中，色彩华素效果的把握与化妆对象所处的环境、年龄、性格、服装、妆型定位有直接关系。如歌舞化妆中一般选择艳亮的色彩，而生活中职业妆的妆色则相对稳重大方。

（6）色彩的主次感：色彩的地位是由其所占面积大小决定的。色彩占据的面积越大，在配色中就起主导作用；占据的面积越小，则起陪衬、点缀的作用。主色调是指在整体形象的多个配色中占据主要面积的颜色；点缀色是指在色彩组合中占据面积较小，视觉效果比较醒目的颜色。主色调和点缀色形成对比，主次分明，富有变化，产生一种韵律美。配色过程中，无论用几种颜色来组合，首先要确定主体色调。如果各色面积平均分配，色彩之间互相排斥，就会显得凌乱，尤其是用补色或对比色时，无序状态则更加明显，主色调就不存在了。点缀色是相对主体色而言，一般情况下，较鲜亮饱和，有画龙点睛的效果。进行配色时，如主色调非常艳丽、明亮，可采用素色点缀。如主色调较沉闷，可用亮色来调节整体气氛。点缀色只要不超过一定的面积，是不会改变主体的色彩形象的。

如图5-45所示，花球中花卉的色彩搭配协调，合理安排了主体色与点缀色的面积，统一和谐又不失个性。

化妆的设计法则

101

图5-46 主次感的花卉设计

当然，化妆配色有时出于某种目的，并不一定要分清主体色与点缀色。有时，各种颜色相混合也会产生良好的色彩效果。如下列化妆眼影用了多色进行组合，突出了色彩效果，装饰感强。此类色彩的组合要注意借用"色阶"法，即把握好红、橙、黄、绿、青、蓝、紫色相之间的衔接过渡；同时要依据眼部结构，结合色彩的明度和纯度，安排好各色的位置；而且在妆容中强调、突出眼影的同时，往往弱化其他局部的修饰（图5-47）。

图5-47 主次感的化妆设计

（7）色彩的味觉感：色彩具有味觉感，这种味觉感大都由人们生活中所接触过的事物联想而来，人们食用过的水果、蔬菜等食物的色彩，对味觉形成了一种概念性的反应。

酸：使人联想到青涩、未成熟的果实，因此绿色就成了酸色的代表，从果实成熟过程中的颜色变化来看，黄、橙黄、绿等色彩，都带有些微酸味的感觉。

甜：暖色系的黄、橙、红色能让人联想到香蕉、甜橙、西瓜等水果，最能表现甜味感，明度、彩度较高的色彩也有此感觉，如粉红色、奶白色，因为它们会让人想到冰淇淋而具有一定的甜味感。

苦：以低明度、低彩度、带灰色的浊色为主，如灰、黑褐等色，这些色易让人联想到咖啡的苦涩和浓郁。

辣：红辣椒及其他刺激性的食品使人联想到刺激的热辣味。因此，辣味感的色调以红、黄色为主，也包含一些其他色彩，如绿色、黄绿的芥菜色。

在化妆设计中，设计师常常运用色彩的味觉感来塑造人物形象，打动观者（图5-48）。

图5-48 味觉感的化妆设计

色彩是化妆设计中视觉情感语义传达的另一个重要元素。妆色语义的传达通过视觉被人们认知，不同的色彩其色彩性格不同，作用于人的视觉所产生的心理反应和视觉效果也不尽相同，因而具有了冷热、轻重、强弱、刚柔等色彩情调，既可表达安全感、飘逸感、扩张感、沉稳感、兴奋感或沉痛感等情感效应，也可表达纯洁、神圣、热情、吉祥、喜气、神秘、高贵、优美等抽象性的寓意。

色彩的情感不是绝对的，它要受到许多主客观条件的制约。色彩的视觉效应和情感表现既涉及色彩本身，也涉及人类共同的生理反应，既有关于观者的视觉经验，也与人的记忆、联想等心理活动发生联系，还取决于人与环境的关系。所以，上述色彩的情感作用是相对的，在化妆设计时对色彩的运用只可参考，而不能呆板套用，设计师关注色彩、研究色彩，是为了把色彩作为一种重要的、具有表现力的设计因素来加以使用，而色彩的确具有表现力。色彩会唤起人的各种情绪、表达感情，甚至影响我们正常的生理感受，色彩的心理作用如果运用不当，就会像噪声一样直接影响人的情绪，这是一个无可辩驳的事实。故色彩在化妆中的应用是否协调可直接决定整个设计的成功与失败。设计师应该用心去体验，去感受客观世界中色彩的情感，设计出富有特定情感内涵的优秀作品。

色彩学是与化妆设计艺术密切相关的基本科目。色彩的各种感受，要统一在设计作品的整体的感情境界中。在运用色彩进行化妆设计之前，我们首先要熟知色彩，要用心去感受五彩的世界，因为具体的色彩在视觉上的反映是具象与抽象的结合，对于不同情况下的同一种东西，我们会有不同的色彩感觉，色彩是多样的，它的多样性就体现在它的不断变化和实际运用中，我们不能仅凭书本中的色彩原理简单套用。

第四节　化妆设计的质地要素

一、质地的视觉效果

在现实生活中质地是事物表面的自然特征，有天然质地和人造质地两种类型，在软硬、粗细、华素、冷暖、钝利等方面具有不同的特征。这些特征我们既可以通过触觉器官感受到，也可以通过视觉器官感受到。在视觉艺术中，艺术家正是利用人们通过视觉可以感受事物质地的特征这个现象，通过创造丰富的质地效果来传达意义。在化妆设计中，天然质地可以理解为人本身具有的质地，人造质地可以理解为在人自然质地的基础上，经过设计构思、加工制作而产生的质地，体现了人与自然的合一。无论是天然质地还是人造质地，都因其独有的特征影响观赏者的视觉感受，而具有相应的表现性。

皮肤、毛发和人体的质地可以通过视觉感受到，也可以通过触觉感受到，视觉和触觉之间可以互相影响。化妆造型中的质地虽然完全是视觉上的，而且观赏者一般也无法通过接触体验，但是这种表面质地的外观本身就足以给人脑传送一个刺激，从而使人得到一种类似触觉的体验。化妆需从色彩、造型、材质各方面着手，讲究化妆材料自身的质地和色彩的搭配效果，这尤为重要。当然，在化妆设计的各因素上，质地组合搭配只是其中一个方面，材料造型、色彩、灯光照明、化妆风格、装饰物品等，对烘托妆容气氛也有不可忽视的重要作用。

二、质地的情感表达

化妆设计中质地的表现特征是与生活中许多事物的质地给人的视觉感受相联系的。但是，这种联系有时是间接的，其间微妙的差异要靠我们细心观察和体会才能感受到。如在表现唯美人物时，对皮肤的刻画追求光洁润滑，而在表现一位饱经风霜的老年人时，皮肤刻画更追求粗糙、笔触感。又如在表现未来主题时，可运用金属或透明质地的材料刻画五官；而在表现浪漫主题时，发型多强调膨松、柔软性。

化妆材料是化妆质地美感体现的一个重要方面，这种美感是由化妆材料本身的固有特征所引起的一种心理综合感受，具有较强的感情色彩。目前化妆设计领域中，尤其是时尚造型中，对化妆效果和质地的重视开始上升到前所未有的高度。即使妆容的形态相同，但由于质地不同，其最终的效果也不一样。妆容质地的特性及其表现力往往与化妆材料的配置和适用有密切关系。

目前，主要有以下几种配置法：第一，从平面走向立体。如通过粘贴等手法展现立体肌理效果。第二，从单纯走向组合。可以把相似质地的材料配置在一起作为设计元素，也可以把质地对比强的材料配置在一起作为设计元素。常说的同质不同色，同色不同质的搭配方法也很常用。第三，从传统走向现代。如强调光与色的绚丽变化在科幻主题造型中较多见。第四，从单一走向多元。化妆材料的选用，从粉质、膏霜状向多样化新型材质拓展，如啫哩状、金属颗粒状、哑光感、纤维状等。此外，还有很多非常规的化妆材料也备受关注，如纸张、羽毛、金属、PVC等，当然这类材料的选择要注意安全性和可操作性。总之，创造新的质地效果，重视人对这些质地效果的心理效应已成为化妆设计师们刻意追求的目标。

1. 光滑与粗糙

同样是粗糙或光滑的材料，其质地不同，视觉和触觉感也不同。如大理石、珠宝般光洁而坚硬的表面给人精致、高贵的感觉；如婴儿肌肤般光滑的表面给人年轻、嫩滑、水润的感觉；如泥土般粗糙的质地给人厚重、朴实、原始、笨拙、粗犷的感觉；斑驳的质地给人以陈旧、侵蚀、沉重的感觉（图5-49）。在化妆设计中，设计师常常采用粗糙和光滑的材料来塑造人物形象（图5-50）。

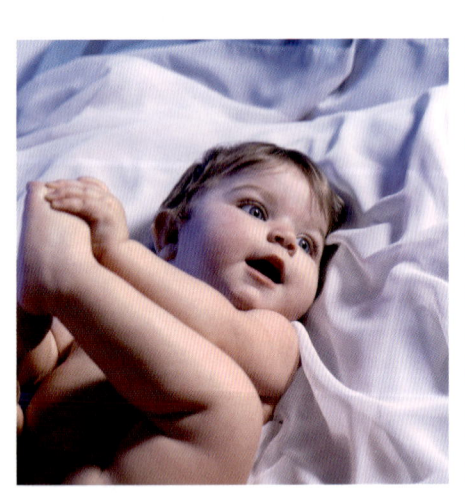

(a) (b)

图5-49 光滑与粗糙

化妆的设计法则

(a) 光滑：妆面中的"半面具"，强调了光滑、金属质感的表面，给人触觉和视觉上的"仿真"感

图5-50

(b) 粗糙：在面部化妆和饰品的表现上，通过加强肌理的表现手法，突出整体造型的古朴、粗犷感，异域风情十足

图5-50　光滑和粗糙的化妆设计

2. 柔软与刚硬

柔软的质感，可增加亲切感，具有温和、女性感，如棉花、云雾般松软的表面易给人柔和、梦幻、神秘或抒情的感觉。而刚硬的质地，给人刚强、充满生机和个性十足的感觉。反射性较强的金属质地不仅坚硬牢固，而且新颖、高贵、具有强烈的未来感（图5-51）。柔软与刚硬既是两种重要的质地特征，也是许多化妆设计表现的重点（图5-52）。

图5-51　柔软与刚硬

在化妆造型中，强化材质的硬度表现，便整体感帅气十足，结合模特坚定的眼神，使人物个性非常鲜明

图5-52　柔软与刚硬的化妆设计

3. 冷与暖

冷与暖同时表现在人的心理和身体的触觉上（图5-53）。冷暖可以分为色彩的冷暖与材质的冷暖两个方面，在化妆设计中要注意这个特点。就材质本身而言，玻璃、冰、雪花等物给人寒冷感，类似这类材质的化妆材料所表现的妆容，自然给人清凉、宁静、冷清之感；而羽毛、棉花、皮草等物则给人温暖感，同样，用类似这类材质的化妆材料所表现的妆容，容易给人柔软、温暖感（图5-54）。

图5-53　冷与暖

此造型在发型、肤色、五官、饰品等细节的表现上力求柔软，塑造了生动、阴柔的复古形象

图5-54　冷与暖的化妆设计

化妆的设计法则
109

4. 光泽与透明度

好的光泽具有健康、活跃、明亮的效果；而透明的物体会产生一种晶莹剔透的效果（图5-55）。在化妆设计中，光泽与透明度的应用往往带来一种别致的美感（图5-56）。

(a)　　　　　　　　　　(b)

图5-55　光泽与透明度

在眉、眼、唇部位用亮颗粒、小钻点缀其中，造型中强调了光泽、透明感，使妆容灵动、晶莹，整体效果充满梦幻感。

图5-56　光泽与透明度的化妆设计

要营造具有特色、艺术性强、个性化的妆容，往往需要利用多种化妆材料质地的独特性和差异性，通过巧妙的组合进行装饰，把材料本身具有的质地美充分地展现出来。在化妆设计中，既要组合好多种材料的质地，又要协调好多种质地的对比关系。在实际运用中，主要存在三种组合形式：一是同一质感的组合，二是相似质感的组合，三是对比质感的组合。

在不同类型的化妆造型设计中，质地的组合设计应考虑实用性、装饰性等多种因素，如在面部施加细腻柔和的粉底、呈现出极佳的皮肤质地，使人美丽、典雅；又如采用亚光、用色自然的眼妆，使人较为安静、素雅。此外，生活化妆以舒适方便、温馨恬静为前提，因此，化妆材料的选择以色质平和、简洁、淡雅为主，也可以点缀少量的珠光材料以显示时代气息。而舞台表演的化妆比较活泼、刺激，选择的材料、色彩、造型往往具有一种视觉冲击力，因此，化妆材料应具有醒目、突出的特征，以烘托表演的环境气氛。

化妆设计中通过不同质地的对比组合，可以充分展现不同材质的质地美，精巧中见粗犷，质朴中显气度。在各种质地的组合中，应当注重简约与丰富、质感与品味、实用与个性的相互照应、有机组合。在越来越强调个性化设计的今天，化妆的质地表现将成为化妆设计中材质运用的新焦点（图5-57）。

图5-57　化妆设计中不同质地的对比组合

思考与练习

1. 以形态为主要设计要素设计一款化妆造型。
2. 以色彩为主要设计要素设计一款化妆造型。
3. 以质地为主要设计要素设计一款化妆造型。

6

第六章　化妆的设计表现及应用

P111-P124

第六章 化妆的设计表现及应用

化妆设计风格，即是由化妆设计的所有要素——形式、色彩、材质形成统一的、充满特质的外观效果，具有一种鲜明的倾向共性，在瞬间传达出设计的总体特征，具有强烈的视觉感染力，使观者产生一定的心理共鸣。

20世纪90年代以来，流行进入了一个追求个性与多元化的时代。各历史时期、各民族、各地域、各风格流派的时尚元素相互交融、循环往复，新观念及新手法不断涌现，从生活至艺术领域，化妆造型也变得越来越多样和灵活。如今，人们在化妆时不只是要表现一种视觉效果，还要表现一种个性化的生活态度和情趣。因此作为设计师，要对各种审美取向和需求保持高度的敏感性和宽容性，并能够透过流行的表面现象，掌握其风格与内涵。

特别是在演艺领域中，创作成果往往是集体的智慧结晶，舞美设计师、服装设计师、音乐制作人、导演、演员等艺术家们在共同创造的过程中，力求通过不同个体风格的统一协调，在艺术风格上形成和谐的整体风格。化妆造型也必然从属于这样的整体风格，即便是同一个剧目，由于作品风格的定位不同，呈现的视觉效果也截然不同。由于演员的形象造型很大程度上决定了戏剧与影视作品的视觉效果，因此，演员的形象造型设计显得尤为重要。演员依赖造型设计而使自己具备了剧中人物的外部形象，化妆设计有利于演员对角色的感觉把握和更好地进行艺术创造。化妆的设计方法很多，不同的设计方法创造不同的效果，而出色的人物造型，亦为演出增光添彩。

第一节 写实风格化妆的表现及应用

写实性的化妆设计强调化妆造型艺术的真实性，所塑造的艺术形象与自然对象基本相似或极为相似，寻求一种更自然的表现方法，使我们的设计作品更具有生命力。写实性化妆设计的最大特征是以现实生活为指导原则，追求化妆造型的逼真感，要求所呈现的人物形象以真实生活为标准。同时，要注意服装、发型、形体、语言、表演，使之共同传达给观众一个可信的符号，这也是写实性设计风格的造型特点。

一、写实风格的生活化妆

在生活领域中，用写实的方法来设计化妆造型是最常用的，因为人们通过化妆希望自己变得更加美丽，更加有活力，更加有气质风度。但是，随着社会经济、科技的发展以及审美情趣的改变，人们的生活半径越来越大，生活内容也越加丰富多彩，每个人都在各种场合扮演着不同的角色，甚至身兼多种社会角色。这就需要通过一些装扮设计来帮助自己扮演好角色。当然，这种装扮不仅仅是化妆，而是将发型、化妆、服饰与语言、形体等内外因素结合在一起的整体设计。

由于时代的变迁和审美文化的多元性，一些在特定场合所需要的标识性形象会与以往的真实性标准有很大的不同。例如，过去的婚庆化妆、摄影化妆、派对化妆、平面媒体化妆等很注重人物造型的真实性。例如，在20世纪的几十年中，人们在拍摄照片时强调照片的清晰度和真实还原效果，甚至把脸上的汗毛孔和斑点都展现得一清二楚。可是现代摄影在还原人物真实面貌的同时，用化妆的手法遮盖了脸上的缺点、改变了皮肤的色彩、调整了五官的比例、塑造了漂亮的发型，虽然不如过去真实，但是人们更愿意看到比自己真实面貌更美丽的形象。但是在一味追求美丽的同时，也形成了一窝峰的雷同现象，忽略了真实的重要性。许多影楼在化妆上追求模式化和夸张化，使得很多拍摄婚纱照片的新人都找不到自己了。

每个年代的写实性化妆，必定带有那个年代的特点，这是流行影响的结果和时尚生活的印记，例如，有的化妆会特别强调皮肤的质感，如"透明妆"、"裸妆"，其实无非是用化妆品和化妆手段塑造一种自然真实的效果，使人显得天生丽质（图6-1）。而有的化妆则刻意夸张眼睛部位的色彩或者嘴唇的红色，以达到化妆者设计的效果。化妆的设计与表现方法取决于人们的年龄、文化、审美取向、角色要求等。

写实性生活化妆的表现要点是：一是，化妆对象在化妆后不改变原有的形象，因为这是生活化妆最基本的要求；二是，刻画五官时应在原有的基础上根据需要进行美化或适度改变；三是，化妆的色彩与样式要根据具体环境与具体要求来设定，以达到既真实又美丽的化妆效果。当然，所谓的真实性，也是有时代标准的。

图6-1 写实性化妆

二、写实风格的表演化妆

在表演艺术中，写实性的化妆设计是重要的化妆表现方法之一。因为化妆所塑造的人物形象能充分反映出时空环境的特点，再现真实的生活场景，使观者能在这种与现实生活人物极为相似的审美形象中产生强烈的认同感，从而自觉地完成读解交流活动。如北京人民艺术剧院的话剧《茶馆》、《家》《雷雨》等一系列作品，其优秀的角色化妆造型和剧目一样，已成为几十年不衰的经典之作，也给观众留下了极其深刻的印象。化妆师和演员分别通过对角色的外形塑造和表演,准确地表现了人物的性格特质、身份地位以及角色所处的历史背景和特定环境。

在相当长的一段历史时期里,写实性的化妆是演出中最常用的一种表现方法。特别是在现实主义戏剧与影视作品的演剧形式中,由于要求从生活的真实再现中求美感,无论是刻画人物的心理还是塑造人物的外形,都要尽可能做到逼真和准确,把规定情景中的角色形象真实地再现在观众面前,使观众如同身临其境而产生与角色的共鸣。法国著名戏剧家安托万主张戏剧演出应从强调演出的真实性出发,营造一种真实而亲切的氛围。他说:"正是环境决定人物的动作,而不是人物动作去决定环境。"由此出发,他特别注意在演出中营造一种真实亲切的舞台氛围。演出中所呈现的服装、化妆、道具、布景都尽量与现实生活中的原型保持一致。这种真实亲切的舞台美术与演员质朴自然的表演结合在一起,对观众产生了强大的感染力。又如我们熟悉的老舍的《茶馆》巴金的《家》曹禺的《雷雨》《日出》等著作,它们本身就是用写实风格创作的优秀作品,文本中对人物所处的时代、阶层、环境、身份、职业、年龄等有非常详尽的描述,为设计师提供了丰富的创作源泉和依据,有利于塑造出真实而生动的人物形象(图6-2~图6-5)。

图6-2 电视剧《日出》的人物化妆造型　　图6-3 电视剧《家》的人物化妆造型

(a)　　(b)　　(c)

图6-4 电视剧《闯关东》的人物化妆造型

(a)   (b)   (c)   (d)

图6-5　写实化妆训练：《日出》的人物化妆造型设计图

在表演化妆中，写实性风格的化妆设计要点是：首先，找到角色所处环境与时代的最典型的资料，包括发型、帽子、饰品、胡须、化妆样式、色彩特点等。其次，寻找与角色身份、地位最吻合的参考图像或文字，以便于在设计中确立最可信的造型。再次，根据演出形式与剧场环境（如剧场的大小、舞台设计形式等）来设计人物造型。在影视剧化妆中，不仅要求人物的整体形象真实，在发型、饰品和五官刻画上都应追求逼真的效果，因为只有真实才能使观众产生共鸣。

写实性的化妆造型设计多见于历史题材的戏剧、影视作品中，这类作品以反映历史、再现历史为基本创作原则，剧中人物的造型要符合时代的特征，具有一定的可信性和真实性。这就要求以历史真实性为出发点，逼真再现特定历史时期的社会生活面貌，而写实的造型手法刚好符合这些要求。例如《康熙王朝》《成吉思汗》《屈原》等电视剧以历史事件、历史人物为题材内容，剧中人物的形象塑造是对历史事实的反映，虽然有时会加以艺术处理，但还是把历史真实和艺术真实完美地结合在了一起。

此外，在写实风格的化妆造型设计中，注重刻画人物心理面貌也是十分重要的。演员的扮演和观众的观赏，都会首先从人物的外部形象开始。而观众往往更容易接受心理面貌与外貌特征相近的艺术形象。例如《茶馆》中，王利发、吴祥子、李三、刘麻子等人的性格差异、《水浒》中梁山众好汉的英雄气概、《沙家浜》中的玲珑众生相等，都可以通过演员个性化的化妆造型以及其准确的表演而栩栩如生地展现在观众面前。虽然在生活中，外貌与心理面貌不一致的现象也常常存在，但是作为艺术创作，化妆把人物心理特征外化会有利于人物的表演和对观众的影响（图6-6、图6-7）。

(a)   (b)

图6-6　电视剧《茶馆》的人物化妆造型

(a)　　　　　　　　　　　(b)　　　　　　　　　　　(c)

图6-7　电视剧《水浒》的人物化妆造型

在化妆造型设计中，写实与写真应注重人物性格的丰满和真实可信以及细节的丰富与刻画，把真的做实，把虚的做真。人物化妆应以现实中的真实外貌为基础，不可变形。设计时比例关系、五官特征及发型饰物应有时代特点，要保持民族特点和地域特征，注重与群体、与服装、与环境之间的关系，设计要有整体感。人的内在气质和一些个性特征应在化妆造型中有所体现、有所发挥，使人物形象丰厚与鲜活，避免凭空想象的程式化、概念化。不同人物形象的发型处理要与其性格相联系，特别要注意细小饰物的点缀与设置。

当然，在现代艺术创作中，人们对于写实风格的化妆造型设计有了新的理解和诠释。这一方面源于艺术家的艺术观的改变，以至其某些作品脱离教化的束缚、脱离贵族传统，不断为大众带来心理愉悦和精神释放；同时，另一方面，受众对艺术作品的认知和审美观念也发生了变化。一代人有一代人的美学观，每一代人的美的艺术创造都是为那一代人而存在的，它毫不破坏和谐。因此，完全按历史真实的造型设计有可能会与现代的审美观念有些不融合。所以，写实风格的化妆造型设计并不能仅仅停留在简单的、自然的摹仿和照搬，而是要随人们对"写实"的理解和审美心理的改变而改变。

第二节　写意风格化妆的表现及应用

在中国古典美学中，经常会提到"意境"这个词语。王国维在《人间词话》中写道："一切景语皆情语也"。意境是艺术家审美体验、审美情趣以及审美理想与经过提炼加工的生活形象融为一体后所形成的艺术境界。

"写意"是中国古代文学艺术的重要表现法则。它要求艺术家在创作时抓住并突出客体与主体相契合的某些特征,以表现艺术家的审美理想,同时也抒发艺术家的情感、意兴。写意性不要求真实地再现客观对象,不追求对所要表现的对象的精确描绘,而主要是着重突出艺术家的主观评价,甚至就是表现艺术家的审美体验以及抒发艺术家的精神、品格和某种美好的理想。

化妆造型应该从中国传统文化中汲取养分,化妆是以人为基础来进行艺术创作的,在一定程度上可以通过虚拟的写意手法来描述、抒发情感,并激发人们的艺术想象,"取一于万,涵盖万有",作为创作者,关键在于能否为体现这种意境选择最富代表性的素材,从而构成切合化妆设计形式特点而又不落俗套的作品形象。设计师要善于选择最富有代表性的主题,侧重某些特征,只有这样才能突破时空限制,把艺术审美带入更加深广的境界。

写意化妆造型主张神似,不求形似求生韵,强调个性发挥。其表现的意境由直接表现和间接表现两个方面组成。直接表现就是运用化妆材料和化妆技术塑造形象;间接表现则是通过观众的眼睛,在其观赏后产生相应的联想与情感。写意化妆多采用象征、隐喻手法,将不同材料、图案、色彩相结合,创造一种纯净化的意境效果。纯净、抽象化之后达到美的纯化,这种过滤的妆面效果容易牵动人们的情思和幻想,这种联想与情感并非由眼睛直接产生,而是由观赏到的形象在意识里所唤起的。要产生意境,艺术家所塑造的外部形象固然重要,但是又必须和演员的表情、表演动作相互依存。

中国的戏曲化妆与其表演风格一样,非常强调意境。中国戏曲表演中的虚拟性、程式化等,是写意性在表演艺术中的体现。写意性的程式化化妆在中国戏曲中的表现是最有代表性的,每一个行当都有其各自的化妆形式。这些形式不苛求人物的时代背景和性格特征,其中各种人物大都有自己特定的脸谱和色彩,借以突出人物的性格特征,具有"寓褒贬、别善恶"的艺术功能,使观众能目视外表,窥其心胸。因而,脸谱被誉为角色"心灵的画面"。例如,无论扮演什么人物的旦角,其面部的化妆都没有很大区别,除发型和佩戴的装饰品不一样外,在化妆的颜色和样式上几乎都很相似。旦角的造型特点主要是包头、贴片与红色晕染。"面若桃花"是我们中国古代对女子容貌姣好的形容,化妆时,使桃红色由眼睛周围向眼窝、面颊逐渐淡化,再勾勒出向上挑的眼睛和眉毛(图6-8)。

图6-8 中国戏曲中的人物化妆造型

中国戏曲中，写意性的化妆样式和戏曲本身的写意性表演形式相互关联，具有很独特的美感。抽象写意的舞台设计、虚拟的动作表演，加上形式感很强的化妆，使得戏曲的魅力一览无余。

在现代演出中，随着演出风格的日益丰富以及导演手法的不断创新，在塑造人物造型的风格上也越来越多地运用写意性的创作方法。即使在一些需要强调真实性的演剧中，也会在人物的造型形式以及色彩运用上采取一些写意的手法，以增加时代感和形式美感。例如在一些历史题材的戏剧和影视剧的演出中，往往会在人物的造型上采用一些艺术感和形式感很强的妆容、发型及饰品设计，在追求真实的基础上重点描绘对象的意态风神，使人物形象更加具有现代感，而这样的设计也往往更符合当代观众的审美需求。

在一些优秀的影视作品中，具有写意特征的角色形象特别受观众喜爱，如《武则天》、《日月凌空》中的人物形象。化妆造型师在尊重历史真实的前提下，将美化角色、塑造角色的气质以及迎合现代观众的审美需求作为创作基础，在发型设计、饰品材质、妆面色彩、五官刻画上都强调人物造型的美感和审美意境（图6-9）。

作为学生，在课堂练习以及艺术创作实践中，如何汲取中国传统文化的精髓，如何将素材元素运用到设计中非常重要。相比写实性的化妆，写意的创作手法具有更大的空间和自由度，图6-10和图6-11是一组学生的课堂设计练习，都是运用写意手法进行化妆设计的作品。

在进行写意性化妆的过程中，要注意其三个要点：其一，淡化角色年龄、身份、性格等特性，强化主题性与类别性；其二，淡化造型样式的合理性与规范性，强化意境与美感；其三，淡化色彩与材质运用的合理性与常规性，强化新鲜感与独创性。

写意性化妆方法没有固定的模式，因为每个人的创意与想象各不相同，而创造出来的角色也会带给观众不同的感受。一般而言，写意性化妆存在以下两种表现意境的方法。

第一种方法是用色彩来表现意境，例如用戏曲中"生、旦角"的用色来塑造具有中国元素的作品，用金属色来表现未来的梦幻，用水果色或花卉色来表现时尚与青春等。

第二种方法是用发型与饰品来配合画面，例如在某些影视剧中的化妆过程中很难用色彩和样式来表现某一特定人物的形象和意境，例如刘晓庆版武则天，妆面采取中国戏曲中旦角化妆的层次晕染，突出人物面部的美感，但发型与头饰并不按照历史史料来塑造，而是以夸张的样式与华贵的材料的质感来彰显女皇的威严与高贵。这样的化妆设计较之写实性化妆具有更多的美感与更强的观赏性。

此外，写意性化妆还常常在整体写实的基础上进行局部写意，将这些部位的样式与色彩进行适度的改变或夸张，增加整体的造型美。

总之，意境的创造需要设计者有丰富的想象力。在现实生活中，任何物质都可能具有多重特质和属性，因而也就具有了多重意义。写意性的创作风格和表现手法具有很大的想象空间和设计空间，同时也具有强烈的视觉表现力。"外师造化，中得心源"和"妙在似与不似之间"也许是对这类风格创作过程与形象特征的最佳诠释。

化妆的设计表现及应用

(a)

(b)　　　　　　　　　　　　　　(c)

图6-9　电视剧《日月凌空》中的人物化妆造型

(a) 作品最引人注目的是头饰，取材于中国清朝的"旗头"，然而无论是色彩还是样式，都有别于真实的旗头。特殊的材料和灰白的色彩显得别致与高雅，设计感和现代感很强的衣领与妆面则显示了创作者的主观创意

(b) 这也是一款以旗头为元素的造型设计作品，色彩、材料的改变，样式的变异，都使作品具有现代感和时尚的美感

图6-10　学生课堂作品（一）

(a) 以中国戏曲元素为设计基础，如面颊部分的贴片、面部的红色晕染化妆、球形的帽饰等，使人一眼就能感受到强烈的戏曲风格，但是在造型样式、色彩设计、材料运用上又完全不同于戏曲化妆，具有一种时尚感

(b) 采用戏曲的贴片元素来设计作品，将彩色纸作为造型材料。由于材料和色彩与戏曲造型有很大的差别，因此相对图(a)来说，戏曲的印象就不那么明显

图6-11　学生课堂作品（二）

第三节 象征风格化妆的表现及应用

象征是艺术创作的基本手法之一,指借助某一具体事物的外在特征,寄寓设计者某种深邃的思想,或表达某种富有特殊意义的事理的艺术手法。通过设计者对事物特征的突出描绘,使欣赏者产生由此及彼的联想,从而领悟到设计者所要表达的含义。另外,根据传统习惯和一定的社会习俗,选择大众熟知的象征物作为本体,也可以表达一种特定的意蕴。运用象征这种艺术手法,可使抽象的概念具体化、形象化,可使复杂深刻的事理浅显化、单一化,还可以延伸内蕴、创造一种艺术意境,以引起人们的联想,增强作品的表现力和艺术效果。

在京剧脸谱的化妆中,就常常运用象征的手法,根据人物的性格、性情或某种特殊的类型来确定色彩和图案,并形成了特定的模式。例如,红色脸谱象征着忠勇义烈,如关羽、姜维、常遇春;黑色脸谱表示刚烈、正直、勇猛甚至鲁莽,如包拯、张飞、李逵等;黄色脸谱象征凶狠残暴,如宇文成都、典韦等;蓝色或绿色脸谱表示一些粗豪暴躁的人物,如窦尔敦、马武等;白色脸谱一般表示奸臣、坏人,如曹操、赵高等。脸谱化妆中常以蝙蝠、燕翼、蝶翅等为图案,勾勒眉眼面颊,结合夸张的鼻窝、嘴窝来刻画面部的表情,开朗乐观的脸谱总是舒眉展眼,悲伤或暴戾的脸谱多是曲眉合目。此外,化妆师在勾画时还以"鱼尾纹"的高低曲直来反映年龄,用"法令纹"的上下开合来表现气质,用"印堂纹"的不同图案来象征人物性格。可以说,脸谱是化妆设计中最典型、最简练、最具有象征意义的创作作品,它不仅是传统文化的瑰宝,也是值得我们在学习中深入探究的一门艺术(图6-12)。

图6-12 京剧脸谱

运用象征风格的表现方法塑造的人物形象,虽然与自然对象之间只有较少或完全没有相近之处,却显现出足够的内在美和表现力。象征风格的表现方法大体可分为两大类:第一类,对人的自然外观加以简化、提炼或重新组合,从而激发观者的联想;第二类,完全舍弃人的自然特征,借用象征物创作纯粹的新形式。如对五官及局部加以大胆变形和装饰化处理,或将局部特征进行适度的组合,将其纳入抽象化的程式中,使之偏离原来的外观。如图6-13所示,创作者完全摒弃模特原本正常的脸部皮肤色彩、五官形态,以黑白两色的强烈对比、图案化的眼睛和嘴巴来传递一种设计理念。观赏这样的作品,或许观众的联想与作者的创作思想大相径庭,但这是非常正常的,因为象征性的造型往往带给观赏者非常自由的想象空间，每个人的性别、年龄、阅历、文化都会影响其对作品的感悟和联想。

如果将化妆造型中写意性的风格和象征性的风格进行比较的话，前者大多在原型的基础上加以改变、添加，这种变化有色彩方面的，也有形式和材料方面的。但是它们的特点是对人的基本形不做过分的夸张和改变。而象征的风格造型则可以完全打破人的本来面貌和原本的结构，表达出创作者许多主观的意想和丰富的想象。象征风格的化妆造型设计经常在色彩和形态两方面采用与情感对应的元素，从而使观赏者产生更多想象，进而聚集感动的主要来源。如图6-14所示，设计者将人体天然的头发完全覆盖，用报纸将模特的头部按照自己的想法进行包裹。根据纸帽的样式，观赏者或许会想象这是一个荒诞派戏剧中皇后的造型，亦可能感觉这是一个修女的形象，正是由于象征性造型具有丰富的想象空间，因此造型设计也有了更大更广阔的创作空间。

图6-13 舍弃自然特征的化妆设计

用象征性风格来设计角色形象，可以像脸谱化妆那样用某些特殊的色彩与图案来象征人物的类别或性格，也可以用一般的化妆方法来刻画面部五官，而用具有象征性的发型、饰品等来衬托无表现力的面容。在表演化妆中，将头饰、妆容、服装组合在一起的角色造型，才具有更强的表现力与象征性。

无论是脸谱还是其他形式的象征性化妆设计，都存在一个文化背景与约定俗成的问题，例如，对于脸谱的象征性意义，中国人和外国人、年轻人和老年人在解读上都会存在差异。

象征风格的造型设计常常会运用单纯的点、线、面等几何学形态要素来表现；或以点、线、面相互之间的交错排列来处理；或将符号化图案通过有节奏的、重复的组合进行任意排列；亦可结合素材质地效果、色彩变幻效果来表现一种抽象概念。如图6-15~图6-18所示。

图6-14 采用报纸进行的化妆设计

图6-15 采用点、线、面等几何学形态进行的化妆设计

化妆的设计表现及应用

图6-16　具有中国传统美女唇形的化妆设计

　　脸部化妆采用图案符号——黑色小嘴唇，一看便知道是中国的传统美女唇形

图6-17　具有非洲元素的化妆设计

　　脸部化妆采用图案符号，即采用简洁的白色直线和点状虚线进行设计，作者希望观众能够从整体的色彩、头部形式以及脸部的符号性化妆来理解造型中的非洲元素

　　化妆中的象征性常常表现了设计者对某个主题的理解与诠释，也许这种理解与观众的理解是不同的，可这正是象征性风格的特征之一。而且象征的鲜明性会使设计者所要表现的实质和内涵也容易被他人解读，例如某些品牌的发布会，模特的化妆一改常规的样式，用黑白来突出眼部造型，令肤色呈现漂白效果，采用细弯眉、细长眼和红唇的化妆造型，这就意味着该品牌在新一季中会采用新的时尚元素。

　　此外，在造型抽象化的过程中，对材料的肌理效果和质感的重视，必然上升到前所未有的重视程度。创造新的质地效果，使观赏者产生相应的心理效应已成为现代化妆师、造型师刻意追求的内容。这种表现手法在化妆造型领域有着很大的天地，可以使创作者发挥极大的想象力，因此常常应用于戏剧和其他形式的演出中。图6-18是学生的一组课堂化妆设计练习，设计者用点状的材料组

图6-18　采用点状材料进行的化妆设计

合排列成所需要的头饰和服装局部造型，黑色的眼部化妆以及白色的镜框加强了整体色彩与样式的统一感。

随着审美观念的发展和艺术形式的拓展，抽象化、符号化的象征化妆造型手法也越来越多见。这种表现手法在化妆造型领域有着广阔的运用天地，由于可以使创作者发挥极大的想象力，因此在戏剧和其他形式的演出化妆造型中常常被使用。

无论是黑白色调还是点、线、面的处理，也不论采用什么造型材料和化妆样式，每个创作者都试图将自己心目中的想象和创意通过最终的艺术形象来传达给观赏者。而每个观赏者也会从自身的体验出发，从艺术作品中找到能与自己心灵产生共鸣的象征意义。

总之，化妆设计的方法很多，也非常灵活。无论是写实、写意还是象征，创作时都要以表现主题为主，根据表演的总体构思与整体设计方案来确定化妆的样式和色彩。可以用单纯的写实性设计来塑造角色形象，也可以用写实与写意、写实与象征相结合的方法来创作角色，更可以在艺术的天地中展开想象的翅膀，创作出属于这个时代，属于自己的优秀作品。

思考与练习

1. 用写实风格的表现方法设计一组影视人物造型形象。
2. 用写意风格的表现方法设计一组时尚人物造型形象。
3. 用象征风格的表现方法设计一组戏剧人物造型形象。

7

第七章　化妆的设计流程

P125–P169

第七章 化妆的设计流程

为了对化妆能有一个较为科学、客观的认识和解决问题的方法，从而取得良好的设计效果，需要建立和遵循一种行之有效的设计实施步骤及方法。化妆设计是一个艺术创作的过程，是艺术构思与艺术表达的统一体。设计师一般先有一个构思和设想，然后收集资料，确定设计方案。其方案内容主要包括：整体风格、主题、造型、色彩、材料、发型、饰品等的配套设计。同时对具体的操作方法也要进行周到的考虑，以确保最终完成的作品能够充分体现最初的设计意图。

第一节 化妆设计的基本流程

有人认为，化妆设计很简单，上网找找图片，拼凑拼凑、临摹临摹即可；也有人以为只要会化妆就可以完成化妆设计了；还有人则以为会画设计效果图就可以了。事实上，以上三种观点都有些片面。

第一类"设计者"的作品盲目照搬和抄袭，缺少个人见解和主张，没有设计思路。在整个化妆设计过程中，化妆设计者的确常会借鉴前人的成功之处，汲取长处和设计灵感，但这绝不等于直接拼凑和完全照搬。第二类"设计者"虽然有丰富的实践经验，但设计理念往往被束缚于单一技能的表现中，缺乏灵活性，成功也常存在偶然性。不可否认化妆技术的确是设计工作的重要基础，是表达设计意图的重要手段，但要知道学会化妆不等于就是学会设计了，正如学会装修和盖房的技巧并不等于学会建筑设计一样。第三类"设计者"只会纸面表达，由于不太懂得化妆技术上的实际运用，故作品有时缺少可操作性。所以，会画效果图也只是掌握了一种表达设计意图的工具而已。

在日新月异发展的社会里，艺术设计领域的发展变得越来越复杂化，化妆造型设计也日渐多元化、综合化，涉及的知识、技术、学科、部门也越来越多。化妆造型设计是一种创造的过程，但不是无方向的随心所欲。从获得灵感或有了明确的设计任务，到有了好构思，并在纸上画出设计意图，还不能说是设计的完成。设计构思实现的效果，还有待于在人面部的真正体现和在实际应用中的检验。因此，作为设计者，如果对化妆的实际操作技能一无所知，其构思的成功就存在于偶然性，经常看到许多化妆设计效果图画得很好，但实际上不可能实现，只有在实践中得以应用，才是化妆设计真正的结果所在。

由于化妆造型的目的以及设计者个人的设计方法、理念和习惯等的差异，使各化妆造型的设计程序存在一定的差别，但总的内容、安排、顺序、步骤及相应要求存在许多共同之处。一般而言，化妆设计的基本流程如下：

一、汲取灵感

汲取灵感要有以下两方面的准备工作：

1. 明确设计目的

为什么化妆？就是要清楚设计要求，明确化妆造型的实际目的，如：是演艺需求还是生活需求？是影视需求还是舞台需求？是角色塑造需求还是美化容貌需求？是室内需求还是室外需求……应当明确化妆造型不只是设计者自己个性才艺的展示，而是为了增加、烘托外形美，或是改变化妆对象原来的形象以适应某种特殊的要求。因此，"某种特殊的要求"就是设计的目的。

2. 收集、分析相关资料

（1）设计对象的相关信息（如性别、年龄、容貌、职业、审美、气质等）。

（2）设计依据（如剧本内容、活动策划方案、演出风格定位等）。

（3）服装、饰品、环境、光线等信息。

（4）相关形象素材、文字资料。

（5）类似设计情况。

（6）新材料、新技术方面的信息。

（7）流行与时尚信息。

对设计的主题和已拥有的素材资料进行长时间的思考、反复探索、寻味，直至达到思维的开启，这是艺术家汲取灵感最重要的过程。

二、艺术构思

确立设计内涵、酝酿设计形象。设计构思集中体现了设计者的整体水平与素养，设计构思不是盲目、孤立的形式创造，也不是为创新而进行的创新，而是在汲取灵感的基础上，围绕特定的目的需求和设计对象，最终确定灵感要素，再调动各种要素进行有针对性的设计造型。这一阶段是设计的真正开始。设计构思的灵感来源和思维方式是多种多样的，往往是专心思索、极力探求的一种脑力过程。在创作活动中，人们潜藏于心灵深处的想法经过反复思考而突然闪现出来，或因某种偶然因素激发突然有所领悟，达到认识上的飞跃，闪现出一些新概念、新形象、新思路、新发现的火花，犹如进入"山穷水尽疑无路，柳暗花明又一村"的境地。

三、平面表达

平面表达阶段既是设计理念的展示阶段，也是其沟通阶段、倾听阶段。表达、沟通设计思路非常重要，特别是命题型的设计任务，应当较全面、准确地展示设计的理念，包括设计思路说明、色彩选择、效果图、材料、预算等。展示时，图、文相结合，图应与设计主题吻合，文的表达用词要准确、思路要清晰明确，以便更好地传达设计方案。

四、立体表现

作为设计师，设计效果图画得再美，如果对化妆实际操作技能一无所知的话，其构思也难以实现。所以，掌握基本技能对于设计师是必不可少的要求。化妆体现的是立体的三维空间造型，因此，化妆能力只有在立体的实际训练中才能提高。

当然,设计流程不存在一成不变的固定模式,化妆设计具体完成过程中的步骤也是相对的,化妆造型设计流程的安排和不同化妆的实际用途有直接关系,要针对不同用途和目的进行有序的协调。一般来讲,演艺类的化妆造型以演艺需求为目的,艺术感强、造型复杂,化妆造型设计流程的价值和意义相对大一些;生活中人的形象要求较简单,设计流程的价值和意义相对就小一些。化妆造型设计不单要对美化功能和实用功能细致考虑,由于它还受诸多因素的影响和制约,因此,设计过程中还应充分认识到不同化妆对象、不同环境、不同光线等条件对化妆造型的特定需求。另外,流行趋势、化妆品与材料的更新、化妆方法的改变等因素都对设计有重大影响。诸多因素对设计的影响,使设计遵循某种程序或流程去开展,同时也可以根据实际情况进行一定的调整。一名优秀的化妆设计师一方面要有深厚的艺术造诣和艺术修养,它们对于设计师至关重要,决定了设计师们无穷的创造力。另一方面,化妆设计需要通过化妆技术完成视觉表达,因此,一名优秀的化妆设计师同时要具备扎实的化妆技术基本功,只有这样才能使创意思维得到生动实在的落实和检验。

以下对上述化妆设计的流程作一个详细的展开阐述,以便我们在设计过程中能够灵活应用。

第二节 汲取灵感

列宾说得好:"灵感是对艰苦劳动的奖赏"。因为灵感不是凭空而来的,需要长期积累,灵感的来临常常是爆发式的,突然而强烈。如果以专业的眼光去重新观察周围事物,会发现其实创作灵感无处不在,从各类艺术世界到城市的现代建筑、到身边的一花一草,都会提供给我们创作的素材。只要集中精力、深入研究,所有事物都能激发创作的火花。

朱光潜说:"所谓灵感,就是埋伏着火药遇到导火线而突然爆发"。可见,知识的积累是产生灵感的基础,灵感的产生不是空穴来风,是创造主体长期储备的实践经验和知识得以集中应用的结果。设计者必须注意不断加强艺术修养、丰富知识、坚持实践,要始终把握时代脉搏、艺术动态,要关注文化潮流、影视发展,使大脑中蕴蓄大量的"信息",并在潜意识中得到一种意象,这样创意思维随时都会得到启示和刺激。

灵感只是瞬间闪念的短暂思维,往往难以记忆。最好的方法就是养成随时记录的习惯,时刻记录下感兴趣的事物和闪过脑际的独特念头。根据爱因斯坦的经验,随时带着纸和笔,将突然涌入脑际、瞬息即逝的灵感及时地记录下来,为未来的创造活动准备素材。如果我们能注意把平时的意念记录下来,把在参观博物馆、阅读图文资料,观看娱乐演出、参观展览等活动时获得的参考资料和产生的构思想法不断记录下来,那就会发现设计灵感其实就在我们身边,关键是用眼睛和心灵去寻找,要多角度、多层次、多方位去寻求化妆设计的灵感。

一、灵感来源于自然领域

浩瀚的大自然五光十色、变化无穷,可以为化妆设计找到表现方式、提供设计素材、传达设计内涵。

自然事物的美是启发广大设计师创作灵感的最好素材（图7-1），自从文明诞生之日起，自然界中的秩序和变化、各种形状和色彩、质地和图案都激发了设计师创作出富有视觉冲击力的作品，也影响着设计师对美与和谐的追求。自然是一切装饰与修饰的基础，探索自然生物和生态的内在审美特征和内涵，并以此为设计灵感来源，也为化妆设计提供了用之不竭的素材和取之不尽的形式美。这种来自于自然领域的灵感对化妆设计的影响主要表现在以下两个方面。

首先，表现在返归自然的妆效方面。这源自于与自然融合的亲切感，源自于对现代工业文明的反思。21世纪，人们更强烈地欣赏、追求着那些和谐、自然的美。大自然的奇观和多彩深深影响着设计师们，他们力求通过化妆唤起人们对于自然美感的视觉审美需求，同时还满足人们追求和谐与舒适的心理需求。设计师

图7-1 自然的美

从大自然中汲取化妆设计灵感，崇尚自然而反对虚假的华丽、烦琐的装饰和雕琢的美。"返归自然"的口号，最早出自法国思想家卢梭，并一直是现代化妆设计的表现主题之一，追求纯朴自然的美，不强调重彩的华美，以自然真实的形、色、质表现一种轻松的生活情趣和纯净的朴素美，表现大自然永恒的魅力。

我们可以从大自然中汲取灵感，如通过对金属、石材、泥沙、冰、雾、水、水晶、琥珀和玉等自然物的观察（图7-2），我们可在清新的自然妆中选择奶白、米金、浅黄、灰褐等化妆色彩，运用带珍珠光泽的化妆品，为肌肤创造完美的观感。也可以打开调色板，在妆色中直接运用四季的色彩，如用粉红、嫩绿等春天的色彩表现少女的浪漫；用褐色、暗金等秋天的色彩表现女性的成熟美，色彩极具视觉冲击力。因此，返归自然的妆效不仅带给我们丰富的视觉享受，同时蕴涵了现代人所推崇的审美观，它契合了"回归自然"、"返璞归真"的设计文化内涵（图7-3）。

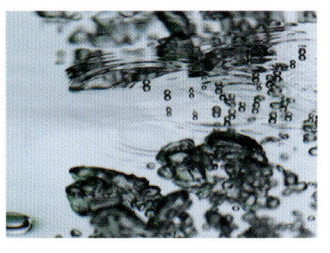

图7-2 大自然中的各种元素

图7-3 返归自然的化妆设计

其次，化妆设计素材在自然界中得到了拓展。自古以来，自然界就是人类各种科学技术原理及重大发明的源泉。生物界有着种类繁多的动植物及微生物，它们在漫长的进化过程中，逐渐具备了适应自然界变化的本领。人类生活在自然界中，这些生物吸引着人们去想象和模仿。自然中有许多事物和现象，如天上的一朵祥云、地上的一枚落叶、空中的一片雪花，如果设计者能拓展视野、仔细观察、深入分析，就能从自然中获得多如泉涌的启发与灵感。

在化妆设计中有许多"复制"或"转变"的例子，其中最突出的例子就是对四季素材的运用。四季中自然物颜色和形态的高度反差使得这些自然形式成为特别有价值的设计材料。例如鲜花、绿叶、麦穗、雪花、羽毛等可以直接拿来运用或经放大或缩小后重组其形作装饰；花叶在四季中的变化可以寓意人的命运转变。在上海戏剧学院创作演出的话剧《芸香》中，女主角叶子的额头上画有一片随着时间和剧情发生变化的装饰性叶子，从最初的嫩黄色到嫩绿色再到深绿色，直到枯黄色，暗示着角色的身份、年龄变化和爱情悲剧的发展轨迹。这种象征性的意义被观众读懂了，观众从自然界中树叶的色彩变化知道四季变化的规律，也从中联想到女主角叶子额头上的树叶象征着她由少女成为老妇，爱情由生机盎然走向殒灭，由此和创作者一起完成了这个人物形象的塑造。

诸多化妆设计师对自然的关注大部分集中于自然界生物的形、色、质上。他们有选择地在设计过程中以大自然五彩缤纷的色彩、优美的形象特征为素材，运用夸张、变异、内涵延伸的设计理念，通过直接或间接模仿来设计化妆的形、色、质和风格，这亦是近年来又开始流行的返璞归真、回归自然并风靡设计界的又一时尚潮流（图7-4）。

图7-4 以大自然为素材的化妆设计

在儿童剧和音乐剧中常常会出现许多动植物的形象，例如美国著名音乐剧《狮子王》和《猫》（图7-5~图7-6），整台演出全部都是造型各异、表情各异、动作各异的拟人化的动物。使观众不得不为设计师独具匠心的造型艺术而折服。在现代演出舞台上，动植物通过卡通化、时尚化，以各种各样的形式丰富着、表现着演出的主题和内容。这些造型样式不仅需要设计师要有极其丰富的想象力，更重要的是要"直观"世界，发现自然蕴涵的"本质"，吸取灵感，并通过高度概括、简明、抽象的再创造过程，产生一种符合"自在自然"和"再造自然"双重标准的新型事物。这些优秀的化妆造型案例，值得学生们反复揣摩、学习。图7-7为学生课堂习作。

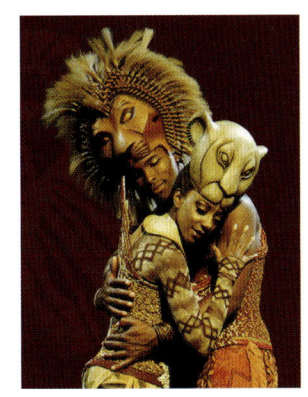

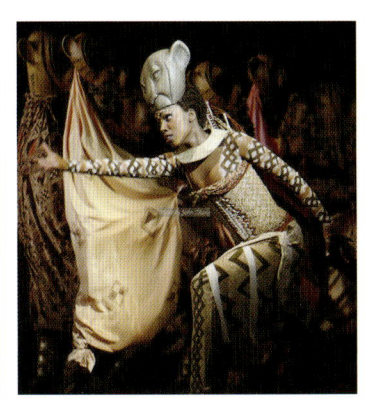

图7-5　音乐剧《狮子王》中的人物化妆造型

图7-6　音乐剧《猫》中的人物化妆造型

图7-7　学生课堂习作

二、灵感来源于艺术领域

一般认为，艺术是人们把握现实世界的一种富有创造性的方式。艺术活动是人们以直觉的、整体的方式把握客观对象，并在此基础上以象征性符号形式创造某种艺术形象的精神性实践活动。艺术活动最终以艺术品的形式出现，这种艺术品既有艺术家对客观世界的认知和反映，也有艺术家本人的情感、理想和价值观等主体性因素，它是一种精神产品，包括文学、绘画、雕塑、建筑、音乐、舞蹈、戏剧、电影、曲艺、工艺等。

设计与艺术之间，一开始就是互相渗透、互相补充及互相启发的关系。随着社会的高速发展、边缘学科的渗透、科学技术的普及与提高，两者的关系越来越密切，任何真正的富有创造性的设计都必然与艺术交织，渗透、表现着美。化妆设计本身就属于艺术领域，化妆设计中的审美、直觉和想象等思维特征都孕育着强大的艺术感染力。我们细心地观察，就会发现化妆设计与运用过程，实际上都是按照美的规律去勾画、去造型。纵观中外化妆发展历史，我们不难看出，化妆造型中自始至终都渗透着艺术的存在，所以我们不能孤立地强调功能主义而忽略艺术对造型本身的影响，同时也不能过分为表现艺术而忽略功能性，艺术与设计必须完美地结合。

没有对艺术的深刻认识，纯公式化的化妆设计是不会成为真正有创造力和感染力的设计作品的。艺术是设计达到的一种境界，在设计体现和运用时，化妆设计不是独立存在的，往往要与其他艺术门类相融合并共同发展。只要用心去看、去听、去感受，随处都是灵感来源。各种书画、木刻、陶瓷、建筑、电影、戏剧等艺术形式都可以是创作的灵感来源，是化妆设计取之不尽的宝藏。

例如电影《埃及艳后》中伊丽莎白·泰勒迷幻而又摄人心魄的眼眸，成为夸张眼妆设计的灵感来源。将经典的泰勒式眼妆，通过质地与色彩的变化，延伸出新的眼妆时尚，推动现代眼妆的新潮流（图7-8）。

又如图7-9中的妆容创作，其灵感都来源于绘画艺术，设计师既把简练含蓄的化妆造型技法巧妙融于绘画的意境之中，又在实际的化妆造型中借鉴了很多绘画的技法，或具象或写意、或现代或古典、或晕染或勾勒，给人带来丰富饱满的视觉感受。

化妆的设计流程

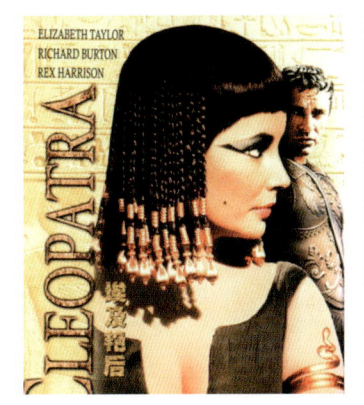

133

图7-8 电影《埃及艳后》中的泰勒式眼妆及由此延伸的化妆设计

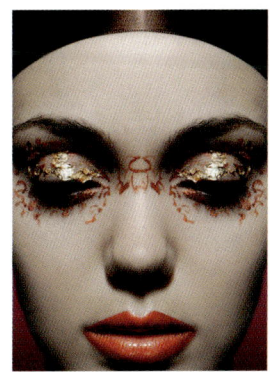

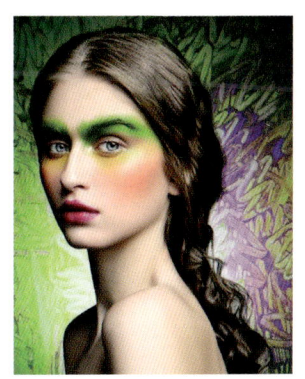

图7-9 源于绘画的化妆设计

设计师还受到各种外来文化和艺术思潮的冲击，不同设计观念的碰撞会导致设计审美理想追求的转向与更新，使设计师有意识地吸收某种外来文化和艺术流派的成分，形成自身的设计风格。如古典主义、浪漫主义、现实主义、自然主义、西方现代主义艺术思潮等，都明显地或不被觉察地影响了化妆的变化而形成了流行的新趋向。化妆设计受整个社会艺术文化的推动，在多种艺术潮流的影响和冲击下，与其他艺术不断渗透融合，渐渐地借鉴和消化吸收了其他姊妹艺术的成果，丰富了艺术表现的内容，为现代化妆艺术传达的表现手法开辟了广阔的前景。

例如以下时尚妆容的设计华丽高贵，融合了现代气息，古典雅致的妆色与珠光摇曳的质感交相辉映，在注重装饰效果的同时，用现代的材质，化妆手法还原了古典气质，特别注重"神似"的表达，创造了具有新古典主义光辉的妆效，在光影交错中，提升了女性优雅气质，演绎出魅惑成熟的韵味（图7-10）。

图7-10　源于新古典主义的化妆设计

回顾20世纪60年代独特而又奔放的时代文化印记，无论是波普艺术、还是摇滚情结、披头上的经典造型都将重新勾起我们的回忆（图7-11）。此外，受朋克、摇滚等亚文化影响的化妆与发型也不断启发着现代的设计师，使之创造出了锐利、科幻的眼神和先锋、前卫、简约的妆效，映射出了无可争辩的时尚与美妙（图7-12）。

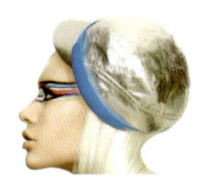

图7-11　源于波普艺术的化妆设计

图7-12 源于亚文化的化妆设计

三、灵感来源于未来

人们在展望新世纪时，通常采用前瞻的视野，利用现代高科技为设计元素，在流行舞台上创造了一个令人不可思议的未来世界，表现了对未来的无限畅想。

科幻世界、太空探索、网络信息、高新技术等元素无所不在。科技与灵感的不断碰撞，使得超前思考、立足未来也成为化妆设计永恒的主题。这是一种视觉与感觉的同时触动，这种创新思维的要点在于设计师要探究的是素材背后的真实内涵，不可一味求怪，完全可以用隐喻的方法达到深刻的意境，用抽象的形式对面部的化妆进行革新，通过非传统造型、全新的质地和效果来表现脸部特征，色彩以银、白两色为主调，使之更具纯净感和现代感，这是刻画妆容的重点。

设计师们突破传统概念，在全新数字时代，用化妆的形式，诠释未来审美视觉；或者在光影中寻觅虚幻的表达，创造了未来的质感；或者用抽象的线条、概括的形态表达一个假想的世界。无论是极端张扬，还是简约概括，从缤纷的科幻色彩到极致光感的运用，都诠释了简洁、抽象的未来主义风潮（图7-13）。

对未来的想象以及在化妆设计作品中用未来作为创作主题是容易的，因为谁都不知道未来是什么样子，因此，用反常规的色彩、反传统的样式以及非常规的材料所创作的造型都可以被理解为未来概念的设计。如全白的肤色或金属肤色由于与人的正常肤色有较大的差异，因而容易使人

图7-13 源于"未来"概念的化妆设计

联想到外星人、太空人及未来世界；又如在眼睛部位勾画反常态的线条或粘贴饰品以形成与正常五官的对比，或采用特殊的发型和装饰品来营造独特的造型感，也容易体现未来感。此外，金属材料、钻饰、水晶等发光发亮的材质容易使人联想到未来。但是，表现未来也是困难的，因为表现的是未知世界，没有参照物，没有衡量标准，因此在化妆中很容易出现形式与主题不符的现象，况且化妆有较大的局限性，无论是头发还是脸部，常常受到生理条件的限制而难以达到最理想的效果。所以，设计师既要关注设计对象本身，又要使整个化妆设计与服装及饰品保持和谐，具有完整性，以达到最终的设计效果。

四、灵感来源于民族文化

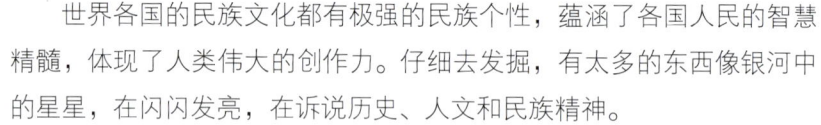

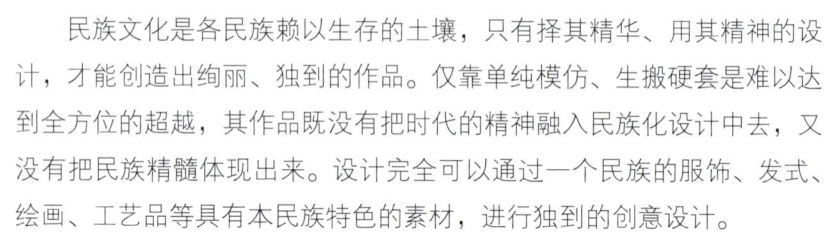

世界各国的民族文化都有极强的民族个性，蕴涵了各国人民的智慧精髓，体现了人类伟大的创作力。仔细去发掘，有太多的东西像银河中的星星，在闪闪发亮，在诉说历史、人文和民族精神。

民族文化是各民族赖以生存的土壤，只有择其精华、用其精神的设计，才能创造出绚丽、独到的作品。仅靠单纯模仿、生搬硬套是难以达到全方位的超越，其作品既没有把时代的精神融入民族化设计中去，又没有把民族精髓体现出来。设计完全可以通过一个民族的服饰、发式、绘画、工艺品等具有本民族特色的素材，进行独到的创意设计。

例如，设计师们常常运用世界各国民族传统妆饰文化展现时尚新面貌。回顾历史，民族风格妆饰流行的风潮屡见不鲜，它映射出时代的流行语言，创造出最新的时尚潮流。中国古代女子的红妆和发型、阿拉伯舞娘的艳妆、非洲的特色发饰品等都在设计师的全新演绎下焕发出时代的风采（图7-14）。

又如我国的民间工艺品，是人民智慧的结晶，可以给我们很多启发和灵感。如京剧和脸谱艺术、青铜器、陶瓷、玉石、剪纸、刺绣、染织、风筝、灯笼、纸扇……都有着悠久的历史和传统标志，凝聚了人民的聪明才智，可以在创新中体现独特的个性。

图7-14　源于民族文化的化妆设计

细细品味这些造型，可以发现在运用"民族文化"元素进行设计的同时，其中一定融入了现代造型语汇。采用"民族文化"的典型语言，再通过提炼、概括、夸张、重组等手段，让原有的"民族感"得以提升和升华，达到出神入化的效果

五、灵感来源于历史

千百年来,历史长河中前人丰富的想象力和独创的精神给我们留下了丰厚的宝贵财富,虽然流行是转而即逝的,但回顾过去,寻找灵感常常会有意外的收获。不同时代的流行现象就是很好的素材,而且这些流行风尚被不断传承、循环往复,我们总能在历史中寻找创作的新鲜感。

借鉴前人,就必须虚心学习和研究前人的成就和经验。就化妆设计而言,首先必须学习的是化妆、发式史,因为要想在设计中准确地把握现在的流行,就必须了解化妆的历史变迁过程,掌握变迁规律。要想在设计中超越前人,必须先学习前人的历史经验和传统技艺。特别是学习中外源远流长的装饰发展史,它能为我们提供诸多的设计灵感。对中国古代、古埃及时期、哥特式时期、巴洛克时期、洛可可时期、20世纪20~60年代等不同时期的中外化妆与发式之经典细节的回顾,可以看到在不同的历史、文化背景下人们形成了各自独特的审美取向,并在不同的历史文化和生活习俗的影响下,在化妆方面形成了鲜明的差异。可见,社会变化对于化妆的影响无所不在。化妆设计应该是有针对性的设计,设计师应根据人们不同的文化背景,在造型、色彩等方面采取相应的变化。同时随着各国、各地区的文化交流日益增加,设计师在化妆设计中也应吸取其他国家、其他民族的精华,形成自身独特的流行风格。这些在现代化妆大师的作品中随处可见(图7-15)。

另外,除了借鉴古今中外的妆饰文化外,其他领域中的优秀文化也要尽量去涉猎和学习。因为化妆是一种综合性的文化现象,涉及社会和自然科学的各个领域。对历史的借鉴要有广度和深度,应该多角度地广泛吸收传统文化,如古典绘画、历代服饰、建筑、民俗等。因此,设计师要有广博的修养和丰富的经历,要热爱生活,只有这样,在设计构思时,才能广泛借鉴、广开思路。

图7-15 源于某些特定历史时期的化妆设计

这些化妆造型作品,都给人似曾相识,却又有述说新语的感觉。仔细分析,可以发现这种"似"来源于对历史经典造型的模仿,但设计师又通过不同程度的改变,从"形"、"色"、"质"三方面进行了突破,赋予了"新"意

现今诸多设计师的作品又开始回归"经典"这个永久话题，这种回归不是简单的照搬和重复，是从新时代的美学和文化的高度审视历史。研究历史时要有选择，要避免囫囵吞枣，在受到启发时，要系统地运用设计理念，以新的方式思考并找到设计起点，从而探索和拓展历史经典，形成新颖而有活力的原创。只有了解中西方妆饰发展的历史，理解现代妆饰的演变，才能在设计时立足于现代并预测未来。了解中西方化妆发展史的变化，也会使我们更深刻地体会到中西审美的差异，明白身为东方的设计师应如何面对西方文化、如何在设计中体现民族风格、如何在世界艺术舞台中赢得一席之地；也会使我们在面对形形色色的国际流行，在吸收和借鉴时，有自己的见解和主张，而不是盲目地照搬和抄袭。

其实，化妆设计的灵感就在我们身边，生活中的素材随处可见。化妆设计的构思通常要经过一段时间的思想酝酿而逐渐形成，也可能由某一方面的触发激起灵感而突然产生。风格的多元化是当代艺术设计与审美的一个显著特点，自然界中的花鸟树木、丰富的民族和民俗题材、音乐、舞蹈、诗歌、文学甚至现代的生活方式都可以给我们很好的启迪和设计灵感。新的化妆材质不断涌现，也不断丰富着设计师的表现风格。大千世界为化妆设计构思提供了无限宽广的素材，设计师可以从过去、现在到将来的各个方面挖掘题材。因此，作为现代化妆艺术的诠释者，我们需要更广泛地获取专业以外的各种信息，例如科技发展的成果、文化的发展动态、各种艺术门类的作品以及存在于文学、哲学、音乐中的反映意识形态的各种思潮和观念等，以此来拓宽知识面，增长见闻，博采众长，从中获得更多的启迪进而产生更好的想法。只有对多种审美意向持有高度的敏感性，才能创作出既令人惊喜又耐人寻味的作品（图7-16）。

图7-16　多元风格的化妆设计

第三节 艺术构思

构思，指作者在写文章或创作文艺作品过程中所进行的一系列思维活动，内容包括确定主题、选择题材、研究布局结构和探索适当的表现形式等。

在艺术创作领域里，一般来说，构思是意象物态化之前的心理活动，是艺术创作非常重要的环节，是"眼中所见"转化为"心中所想"的过程，是"心中意象"又转化为"审美意象"的一系列思维活动。

设计，指的是计划、构想、设立方案，也含意象、作图、制型的意思。无论是在生活中还是艺术领域里，都需要进行设计。"设计的重要任务在于科学而准确地把握主题的内涵，追求卓越的设计创意，同时也要不断地探索新的艺术形式，丰富艺术传达中的表现手法，这样才能提升设计作品的表现力，增加其打动人心的力量。"一个成功的设计离不开好的创意。化妆设计过程"即根据设计目的的要求进行构思，并绘制出效果图进行平面表达，再根据图纸进行立体呈现，最终达到完成设计的全过程"。和其他艺术设计一样，化妆设计离不开人的一系列思维活动，如生活中不同场合的化妆要得体；戏剧演出的化妆要符合演出空间、演出风格、演出内容等对妆容的要求；时装模特表演妆容要体现出服装设计理念和时尚气息等。这些看似简单的化妆，都离不开构思。没有构思，就谈不上设计；没有好的构思，就不可能产生好的设计。构思，在人们的生活和艺术创作中具有指导意义。

所以说，化妆设计的构思在本质上是设计师在感悟生活的基础上，运用形象思维，对生活素材进行选择、概括、加工、提炼，并融入审美情感完成审美意向的思维过程，它始终与设计师对事物具体形象的感受联系在一起，并伴随着丰富的情感活动，所获得的艺术形象造型集中地表现了人丰富复杂的内在心理。化妆设计的根本任务是艺术形象的外化视觉传达，从形象的萌生到形象的完成是一个日渐成熟的创作过程。化妆设计的构思在艺术创作中至关重要，不经过构思，灵感素材就无法升华为创作理念，视觉传达也就失去了基础和前提。构思的进展情况，直接关系到创作的成败。不过，构思的成功不等于整个设计的成功，还有待于后续的设计表达。

化妆有着绵延数千年的历史，而作为设计正式出现在艺术学科中只有几十年的时间。当设计出现在艺术学科以后，构思变得尤为重要，很多设计大师们层出不穷的不凡构思使化妆真正具有了前所未有的内容与形式，从而引导了一次又一次的时尚潮流。

一、构思方式

在化妆设计中，构思方式指设计师在整个构思过程所采取的具体方式。构思方式受设计师的生活经验和艺术经验积累的制约，往往随着设计师对生活和艺术认识的深化而有所变动，有时甚至出现原则性的变动。借助于这些方式，不同设计师对各种人物对象进行积极的改变和妆容修饰，以创造出各式各样、千姿百态的人物形象。构思方式主要分逻辑性构思和创造性构思。

1. 逻辑性构思

逻辑性构思是一种有规律的、严谨的科学构思方法，对于艺术设计来说具有重要意义，它通过一系列的推理去寻求想得到的形象结果，是在一种结构范围内，按照有序的、可预测的、程式化的方向进行的思维形式,也是一种符合事物发展方向和人类认识习惯的思维方式,由于遵循由低到高、由浅到深、由始到终等线索,因而清晰明了,合乎逻辑。

化妆设计具有强烈的目的性,其最终目的就是要获得人物形象结果。因此,当采用逻辑性构思时,即采取了一种较为理性的方法,从而指导化妆造型设计的思考及实践过程。

化妆造型设计一般受到某种需要、目的或审美趋向的限制和驱使,这就需要运用一定的逻辑性思维对各类相关因素进行充分理性的思考和分析,从而力求在设计和体现过程中体现这种需要、目的或审美趋向。在这一阶段,化妆造型设计首先获得的是一些已知的信息或主题,逻辑思维的作用就是以这些信息或主题为基础,通过多样性的推论形式来获得最终的形象结果。如角色人物的化妆造型设计中,设计师往往可能通过阅读剧本了解剧情、了解故事发生的具体时空、了解角色人物和场景等,通过这些信息逐一推断出合乎逻辑的具体人物形象特征,如年龄、种族、性别、胖瘦、肤色、脸型、五官、性格、职业、身份、阶层等,尤其是当演出的人物造型需要真实地表现出特定的时空中的人物时,这样的逻辑性构思就更为重要。如话剧《立秋》、《全家福》中对剧中人物的化妆造型设计就体现了逻辑性构思的特点(图7-17、图7-18)。

当然实际设计中可能会有更复杂的情况,逻辑构思的顺序和形式也可能是多样化的,并且还可能伴随着创造性构思。但是逻辑性构思有助于设计师在理性思考的过程中,保持较为清晰、明确的设计目的,并通过相关的思维活动将其转化为设计方案。同时这种科学的构思方法能对整个化妆设计过程给予指导,对设计方案的可行性进行检验,避免盲目的经验惯性。

图7-17 话剧《立秋》中的人物化妆造型

图7-18 话剧《全家福》中的人物化妆造型

2. 创造性构思

在谈及逻辑性构思的重要作用的同时,也绝不能忽视和否认创作性构思的存在和意义。创造性构思是一种较感性的思维活动,是一种不受时空限制,可以发挥很大主观能动性并借助想象、联想甚至幻想、虚构来达到创造新形象的构思过程。创造性构思具有浪漫色彩,并因此极不同于以理性判断、推理为基础的逻辑性构思。化妆造型设计中,多采用创造性构思,需要古为今用、西为中用、他为我用,对一切有用的东西进行归纳、分析、吸收、扬弃、创造,不断地在传承中去创新发展。创造性构思寻求各种不同的、独特的化妆造型,是一种创新思维方式,具有开放性和开拓性。

创造性构思是一种发散性的思维模式，表现为思维视野广阔，呈现出多维散状，具有创造性构思的设计师不墨守成规，不拘泥于传统，富有创造性，可以从不同角度思考同一问题，探求多种答案。创造性构思总的特点和要求就是创造性和开放性地去设计一切事物，常用的方法有：模仿法、取舍法、组合法、夸张法、联想法、逆向法等。

（1）模仿法：大千世界，千变万化，有大量的事物在某一方面具有相似特征。模仿法即以某种原型为参照，模仿其某一特征或以之为基础进行升华和艺术性加工，创造出与该特征相似的新造型。在艺术造型的设计中，很多设计都建立在对前人或自然界的模仿的基础上，一般可以从形状相似、颜色相似、质地相似、功能相似等方面去思考、确定创造的途径。

例如音乐剧《狮子王》、《猫》等，在化妆造型上采用了模仿法，使演员的头发和脸上呈现出雄狮、母狮、幼狮或猫的主要特征，十分形象地表现出了角色的动物特征。

（2）取舍法：也就是加减构思法，是简化或复杂化的思维过程。合理的复杂化设计，往往增加、丰富了设计作品的造型语汇。对有些初学者来讲，一味追求表象的简洁，反而使整个设计显得简陋，不够力度。因此，应极据实际情况做些必要的加法。但有时候在各种要素的簇拥中，化妆造型会显得琐碎繁杂，这时候应尽可能地在设计中筛除不必要的东西，保留精华的部分，并以此为基础提炼出具有深层次精神内涵的要素。有句名言："少就是多"就说明了简洁的形式中往往包含了更深刻的意义。

例如我们在设计唐代妆面时，如果把诸多唐代的元素都运用在脸上和发型上，看似唐味十足，但整个妆面就会繁乱，其实只要选择最有代表性的元素加以精心设计和运用，哪怕只有一个点，也能让妆面粲然生辉，尤其是运用历史元素塑造时尚创意妆，取舍之道非常重要。当然，有时造型如果过于简单也会影响视觉效果，例如设计一个以花卉或水果为主题的妆面，如果仅出现一点花或水果的色彩，观众可能无法理解，而如果在色彩的基础上加一些花与水果的造型元素，不仅提升主题，还会使妆面生动丰满，有可看性。

（3）组合法：组合思维的特点是设计者根据自己的需要，从其他一切有用的事物中抽取合适的要素重新进行合理的组合，创造出一种新的化妆造型。如东西方妆饰元素的融合、现代与传统理念的结合。组合法要求设计师涉猎广泛，对各种新事物有浓厚兴趣，并且善于发现其中的潜在价值。

现代化妆设计中，设计师常常运用传统元素进行时尚设计，对传统元素如何选择、如何组合搭配相当重要。例如，要塑造一个具有日本传统文化要素的妆面，可以从日本歌舞伎妆面中汲取灵感；又如要表现具有中国传统元素的设计，可以使局部发型呈现出象征性的符号特征，并结合最具现代感的妆面设计，诸如此类都可以用组合法进行搭配设计。

（4）夸张法：将对象极度夸张，使其达到极限，这种夸张既可以是夸大的，也可以是缩小的，应允许设计师发挥想象力把原来造型夸张到极点，然后，根据设计要求进行修改。

在化妆设计中，往往都是有目的地选择需要夸张的部位，夸张的目的一般有两个：一是为了突出主题，如要在化妆品广告中推出眼部化妆品，在化妆中便可弱化其他部位而将眼睛夸张，同样，如果要推广新品唇膏，一定会将嘴的化妆夸张化；二是为了衬托主题，例如，要强调妆面的干净和自然，可以将发型进行夸张处理，在对比中反而使脸部妆面十分清晰。

（5）联想法：是设计师充分调动联系事物的想象力，摹拟同类或异类事物的功能、形态、色彩等，加以整合、演变、创新，从而形成一种新的设计产品。

在进行创造性构思时，可以突破常规、多向思维、积极联系和想象。如受一个主题、一个灵感启发而进行放射性的横向拓展，可从各个侧面、多个角度来进行各种设计的假设；也可从各种因素的类比方面进行思考。创造性构思重在突破、创造意外，即使主题相同，但通过不同的构思也可使设计向不同的方向发展。如以下学生的设计作品都以"中国元素"为素材，但有以"发式"创新表现为主；有从"红妆"的方向进行考虑；也有以"图案"的角度进行构思（图7-19）。联想法设计的成功与否并不完全取决于设计师，也与观众有一定的关系，因为化妆师所塑造的作品包含了化妆师想表达的意思，如果观众完全无法理解，那么作品的设计意义就不大了。

图7-19 "中国元素"同一主题的不同化妆设计

构思时也可以举一反三，触类旁通。如用同一思路进行一系列化妆造型时要注重横向表现。如以下两组学生系列作品设计中，一组作品灵感来源于体育运动项目——射箭、田径、跳水等比赛的图案符号，作者取其活泼、动感的形态，结合发式、妆容设计，将两者融为一体，举一反三，令主体突出、形态优美，同时又符号化地展示了体育与人的关系（图7-20）。另一组作品则将古代仕女发式造型和竹简、卷轴、经折结合起来，运用古代妆韵，新颖又不乏文化内涵（图7-21）。

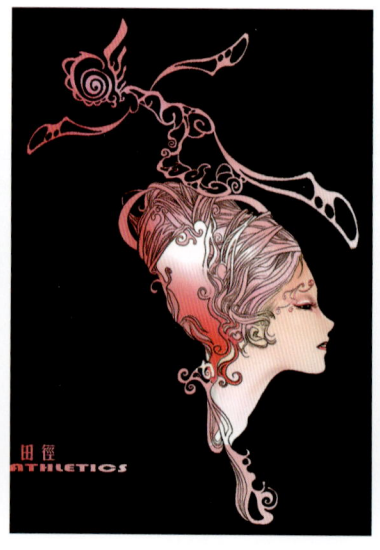

7-20 "体育"主题的系列化妆设计

图7-21 "中国传统文化"主题的化妆设计

创造性构思改变了思考问题的一般思路，试图从别的方面、方向入手，其思维广度大大增加，因此，常常在创造活动中起到巨大的作用。在化妆造型设计中，可以借鉴的设计思维方法还有很多，这里只是列举较为常见的几种，这些设计思维方法在实际应用中，有时是单独运用，有时是综合运用。此外，设计师在设计中要高度重视民族精神与现代理念、传统文化与当代文化、民族习俗与国际时尚、普遍共性与独特个性等各个方面的渗入、融合、转化、发挥和平衡。

有的设计方案在构思时，不仅仅是用了逻辑性构思或创造性构思，还将两者组合运用。这两种构思的组合运用，可以使设计从广度和深度两方面进行立体表现。如右面两幅图是同一位学生的作品，其主要设计构思是从清代女子的旗头这个信息源入手（图7-22）。其中，图7-22（a）以逻辑性构思为主，结合创造性构思，以清代旗头发式的造型、装饰特征为创作素材，在形态上做了夸张强调处理。图7-22（b）则以创造性构思为主，在造型上用取舍法概括、加强重点，又大胆借用了剪纸、皮影艺术进行组合，使作品在形式感上又多了广度含义。

二、构思特性

1. 特定性

设计师的构思必须适应化妆专业创造特点，符合视觉传达、表现手法的要求。化妆设计的构思首先要考虑人的因素。化妆的对象和目标都是人，设计师以人为基础才能展开艺术表现。化妆设计最终的体现应是艺术与技术的结合体，一般而言，艺术创造

(a)

(b)

图7-22 组合构思的化妆设计

是感性的，而技术体现是理性的。在化妆设计中，特定因素的制约以及技术水平的局限在一定程度上影响着设计构思中设计能力的发挥。因此，化妆设计的构思有着明确的设计目的性，化妆设计的作品，不仅要表现在纸上，而且要最终转化成人面部的有形内容。因此，化妆设计的构思要考虑到妆容的视觉效果和可操作性。构思时必须以人为本，不能为设计而设计，不能为创意而创意，只有对人进行充分的分析，在化妆设计时才有"针对性"。如以下作品（图7-23）所示，在学生的创作过程中，最初的设计稿中的头饰画得很美，但完全没有考虑如何和人的头部完美结合，所以在比例、材质上的选择上都有问题，制作出来后因太重太大而无法佩戴。为了让头饰贴合模特头部形态、符合动态演出的行动需要，学生多次调整头饰造型和尺寸大小。

(a)考虑材质的轻重 　　(b)考虑造型的比例

图7-23　化妆设计中要考虑"人"这一特定因素

2. 创造性

创造，是艺术家的生命。同样，创造也是化妆设计的生命，没有创造就没有化妆设计。化妆应集物质文明和精神文明于一体。因此，化妆设计的构思在注重实用的同时，还要充分考虑设计作品的原创性和艺术性。不管是生活、时尚还是演艺等领域的化妆造型设计都离不开创意。设计构思可以从五官局部某个要素出发进行创意；可以从整体出发进行创意；可以用新元素进行创意；也可以通过常规元素的超常规处理进行创意。设计师还要敢于自我否定，打破自我框架，萌发新的设计构想。如以下两位学生的设计作品中，把设计创意视点放在了眼部，对睫毛的形态作了衍生和夸张，图7-24（a）作品活泼、有趣，用卷削下来的铅笔刨花和木制笔直接粘贴，有特别的立体装饰感。图7-24（b）作品用假发丝进行粘贴，直接放大加长了睫毛，打破了自然比例，从而达到"情理之中、意料之外"的效果。

(a)"刨花"眉毛

(b)"假发"睫毛

图7-24　没有"创造"就没有化妆设计

3. 内涵性

化妆造型通过造型艺术语言，可以表现人的文化精神和生活方式，强调一定的思想、形象和文化表征。化妆是实用和审美的统一体，是民族、社会、历史的一面镜子，在具有实用价值的同时，也包含着艺术、文化价值。化妆设计造型又是设计

师将自己对社会、文化的认知，通过不同的手段进行创造的过程，是设计师的思想和情感的符号形式，是设计师的审美意识和审美观念的反映。这就说明在化妆设计的构思中要有"内涵性"，也就是要有深度、有韵味、有意境。作为设计师，要不断提高审美能力，树立起自己的审美观。审美能力强的人，能迅速地发现美、捕捉住蕴藏在审美对象深处的本质性东西，并从感性认识上升为理性认识，只有这样才能去创造美和设计美。如知名化妆设计师植村秀的化妆设计作品中总透着诗情画意，讲究意境之美，其形象鲜明生动、又富有艺术语汇。又如以下作品（图7-25），其灵感分别来源于新生命的力量和戏剧表演中的生动表情，作品造型细腻，追求精致，但又不流于表面，在用色、形态及细节处理上都让人感受到一种灵动，一种思想的传达。

图7-25　有"内涵"的化妆设计富有艺术语汇

4. 整体性

印象派大师莫奈曾说："整体之美是一切艺术之美的内在构成,细节现象最终必须依于整体……"整体性是艺术构思的根本法则，自然也是化妆设计构思的基本法则。在构思化妆设计时，既要遵守均衡、对称、调和、对比、统一和节奏等形式美法则，也要遵循化妆与人、服饰、发式、时空环境等各个条件元素之间整体协调统一的原则,化妆设计构思的"整体性"体现在构思的"特定性"、"创造性"与"内涵性"三者的相互融合。同时，构思的"整体性"特征还体现在设计的构思要贯穿于整个设计过程，要在设计中进行再构思，在构思中进行再设计。

三、训练方法

艺术构思属于人大脑的一种复杂思维活动，大脑的形象思维主要有再造性思维和创造性思维两种。在思维方式上，化妆设计构思与绘画写生相比较，可以说在绘画写生中再造性思维占优势，它要求较为真实地反映客观物体的形状、空间位置和质感，要求画得"像"；在化妆设计构思中则是创造性思维占优势,虽受人外表条件的制约，但要求设计者根据设计的需要,充分发挥想象力,运用夸张、虚构等艺术手法，适当改变人自然的本质。设计构思具有创造性，因此要求设计者避免和克服习惯性思维方法。设计者必须要敞开胸怀，对待新观念、新现象，避免先入为主的惯性思维，要学会思考和接受，这样才可能使设计作品与时代同步。所以这阶段的训练要完成对眼、对脑、对手的训练。

1. 构思与观察

要学会观察、培养眼睛的观察力，达到观察、认识和判断能力的提高。观察是分析、研究、判断、想象和艺术创造的依据和前提。设计者对客观事物要有感知能力，要有"独具慧眼"的敏感性认识。设计创作的最初灵感和线索往往来自于生活中的方方面面，有些事物看似平凡或者微不足道，但其中也许就蕴含着许多闪光之处，如果设计师对此熟视无睹，不能发现它们的存在，就不能及时地去捕捉它们和利用它们，那么，许多有用的设计素材就会失之交臂。没有积极的观察习惯，就不能对事物进行感觉记忆或思维。世界著名的生理学家巴浦洛夫，在他的研究院门口的石碑上刻下了"观察、观察、再观察"的名句，以此来强调观察对于研究工作的重要性。达尔文也曾经说过："我没有突出的理解力，也没有过人的机智，只是在觉察那些稍纵即逝的事物并对他们进行精细观察的能力上，我可是中上之人。"可见，观察力十分重要，培养专业设计的敏感性有赖于长期坚持专业的定向注意训练。

观察其实就是解决看什么、怎么看的问题。一方面要随时注意观察与创作构思有关的事物。也就是观察要有目的，从发现细节到细节观察，再到多角度的观察，是不断展开的观察途径。自然界的花草虫鱼、高山流水，社会生活中历史古迹、绘画雕塑、舞蹈音乐以及民族风情等，都可给设计者以无穷的灵感来源。另一方面要把观察的所有对象与设计作品的创作构思联系起来。也就是需用审美的头脑去思考观察对象，去发现素材的精华所在，而这些素材的选择始终围绕着作品的设计构思展开。

2. 构思与想象

化妆设计的构思是一种十分活跃的思维活动，构思通常要经过一段时间的思想酝酿才逐渐形成，也可能由某一方面的触发激起灵感而突然产生。这一切都离不开想象这一艺术设计构思的中心环节，想象是人在脑子中凭借记忆所提供的材料进行加工，从而产生新形象的心理过程。黑格尔曾说过："如果谈到本领，最杰出的艺术本领就是想象力"。想象力更是设计构思中的"实在因素"。高尔基也说过："想象，结束了研究和选择材料的过程，并且，把它最后的形象化为活生生——肯定的或否定的——重要典型。"因此，一切设计的构思意图都离不开想象的基础，设计者通过想象才能运用感知的素材（形、色、质）进行艺术形象的构思，没有想象，就不可能有创造。在化妆设计学习中，有的初学者只会按部就班，看到什么就把什么画到脸上，不会进行变化，原因之一就是缺乏想象。为了提高化妆设计构思能力，进行想象力的训练是十分重要的环节。

设计艺术构思中的想象有两种类型：再造想象和创造想象。再造想象是指主体在经验记忆的基础上，在头脑中再现客观事物的表象；创造想象则不仅再现真实的事物，而且创造出全新的形象。两者既有区别又有联系，而且往往互相融合。再造想象借助于创造想象的补充，创造想象又需要以再造想象为依据。例如：偏写实性的化妆设计主要运用再造想象进行构思，以直观表象为依据，在"自然原型"的基础上进行选择、概括、提炼、取舍，达到形神兼备，创造人们易于理解的直观艺术形象；而偏抽象的化妆设计则主要运用创造想象进行构思，可以冲破现实的限制，按个人的审美理想和要求，创造性地将原有的表象进行分解、组合、夸张、虚构后重新进行巧妙的合成，达到艺术的"升华"。

如以下学生的化妆造型作品中，妆容简练而概括，紧紧围绕"非洲风情"这一主题，并没有单纯模仿非洲人的长相，而是把非洲的图腾、土族的绘画、现代的时尚很好地组合在一起进行了二度创作，使诸多元素融为一体，妆容和发饰、服装配合，统一又别致（图7-26）。

因此，要提高设计艺术构思的能力，首先应该积累素材、扩大知识面、提高想象力，要注意加强文学艺术多方面的修养。其次要长期坚持进行设计的艺术实践，俗话说："熟能生巧"，艺术设计的经验越丰富，想象力也就越丰富。

图7-26 "非洲风情"主题的化妆设计

四、构思程序

化妆设计的构思是一个复杂的过程，存在于设计流程的每个细节，贯穿整个设计过程。所有设计细节又都是围绕着设计构思展开的，构思的内容包括选择什么样的素材，塑造什么样的形象，配置什么样的色彩，采用什么样的形式构成，表达什么样的审美思想，同时还包括运用领域、化妆对象、技术体现等。构思程序集中体现了设计师的审美意识和审美思考，反映了设计构思是否新颖、独特，是设计师综合素质的体现。虽然不同的设计师有各自不同的构思途径和方式，但是其构思程序大致可分为以下三个阶段：

1. 准备发现阶段

本阶段的思维具有多向性、不定型性。根据设计要求，设计者广泛搜集资料，在对原始资料进行观察、熟悉、体验和感受的基础上，结合经验和知识进行初步的资料整理、分析、研究和想象，同时提出多种设计方案。可见，本阶段的任务其实就是收集资料、分析问题、创造性地发现问题这几个方面。

2. 思考酝酿阶段

本阶段的思维具有定向性、目的性，是设计过程的重要阶段，需要对前一阶段最初的设想意图做全面的分析比较，选择最理想的方案，深入探索与思考，并进一步做具体的酝酿和孕育，逐渐在思考体悟中理出思路，使化妆设计的人物形象逐步明确、具体化。本阶段的重点是确立化妆设计作品的内涵表达，这也正是设计的高度与深度所在。

3. 实现完成阶段

本阶段与设计实践活动是分不开的，最后的完整构思必须在立体的人物形象表现上加以实施，生动感人的化妆效果是设计构思的外在传达。对设计构思的思考一旦脱离了人、化妆立体呈现，则是不全面的。构思实际上贯穿于设计的全过程，设计者有可能沿着原先的构思意图逐步深化、仔细推敲、完善构思，也可能改变原先的构思意图，用更理想的构思取而代之。在构思过程中，设计者可通过勾勒设计草图来表达思维，还可以不断修改补充，在考虑较成熟后，再绘制出详细的设计图，并在实际的化妆过程中，通过立体效果的呈现来最终完成构思的全过程。

实际上，以上三个阶段是互相联系、互相交叉的。对现实世界的观察、对具体元素的选择是思考酝酿构思阶段的前提。素材的提炼、集中、概括以及构思的思考、酝酿都是设计的关键环节，都是创造性很强的活动，要深钻细研，在活动中最大限度地挖掘并发挥自己的创造力。创造性的设计构思能不能产生出来，关键在于所思考酝酿的构思是否成熟。思考酝酿构思绝非单一的伏案苦思，它有各种形式和方法，要针对不同的设计主题和不同的技术难关，灵活运用相应的创造方法去突破，以获得具有创造性的设计构思或技术方案，并找出实施的方法或途径，最终实现构思的完成阶段。设计师的审美意识、情感、思想必然渗透并影响全过程。

第四节 平面表达

化妆设计表现贯穿于设计的全过程，设计的不同阶段需要不同形式的表达方法。化妆设计的平面表达是对设计构思的平面视觉艺术效果的表现，目的在于设计师将设计构思化为可视形态。化妆设计与设计表达不可分割。设计师在具备了良好的专业知识的同时，还要有一定的设计表达能力。鲁道夫·阿恩海姆曾这样说过："这样一些绘画式的再现，是抽象思维活动的适宜的工具，因而能把它们代表的那些思维活动的某些方面展示出来"。在确立了一定的创作目的和意图之后，设计者把大脑中最初的发散的抽象思维活动通过图形使之延伸到可视的纸面等媒介上，并逐渐具体化，把设计思想用直接明了的方式表现出来，让人一目了然，使他人能够了解设计意图并提出修改意见。而设计者也能通过视觉图形很直观的发现问题和分析问题，进而解决问题。

化妆设计的平面表达能够培养设计者良好的艺术修养和审美能力，体现了艺术与技术的统一。绘画技术的表现包括：构图，色感、质感、光感的表现，空间气氛的营造，点、线、面的运用等方法与技巧。这些是影响画面效果、增强艺术感染力的基本要素。所以，设计者除了要具备丰富的化妆知识外，还必须具备一定的艺术修养和绘画基础。设计图的表现方式因绘画工具的不同而丰富多彩，无论是水彩、水粉、钢笔、铅笔，还是剪贴和电脑绘制等，只要能最好地体现设计要求，创造理想的设计效果，就达到绘制设计图的目的了。

化妆设计效果图是化妆设计的一种重要的平面表达形式，在现代化妆设计的教学与实践中运用较广。

一、化妆设计效果图的作用和要求

化妆设计效果图是设计构思的视觉性表达手段之一，也是具体化妆造型设计的基础和参照。化妆设计效果图的好坏，直接影响着设计师设计意图的表达，因此，绘制化妆设计效果图是设计师必须具备的设计表达能力。一般而言，化妆设计效果图具有如下作用和要求。

首先，化妆设计效果图以绘画的手法概略性地表现设计构思，主要采用形态和色彩进行化妆设计表现，既追求艺术感，又有实用性要求。效果图不仅需要表达出化妆的形态、颜色、质感特点，还要设计者考虑化妆的运用范围、特殊技术要求等诸多因素，设计师既需要有良好的绘画基本功，又需要长期的练习和大量的设计实践，只有这样才能绘出准确的人物造型，才能创作出好的设计作品。如果设计效果图表现得不到位，那么相应的设计就会大打折扣。化妆设计效果图基于绘画形式基础之上，但又区别于绘画，它模拟人物化妆后的造型效果、色彩表现、风格定位等。因此，效果图应以绘画理论知识为依据，运用绘画的基本观察方法观察形象、色彩等因素，力求效果图与最终的化妆效果相符，由此可见，掌握效果图技法，能够锻炼设计师专业的观察能力和绘画表达能力，从而培养良好的艺术修养和审美能力。

画好设计效果图必须要有很好的绘画基本功，而绘画基本功好并不意味着就能画好设计效果图。设计表现与绘画创作是有区别的，在化妆设计表现上，设计师不可能像画家那样可随心所欲、尽情抒发表达，这类效果图的表现性还常常受到一定的制约。画化妆效果图的目的是更好地表达设计师的设计意图，设计内容放在首位，当然，"艺术化地表现"会增强效果图的表现力。但如果只强调个人风格，或者一味强调绘画性，常常会与造型的立体呈现不能达成一致。因此，应巧妙而有机地将效果图的造型设计表现和人的主观条件融为一体。同样，过于保守或者不太适当的表现手法也会在某种程度上不能很好地表现我们对设计目标的理解。可见，效果图兼有实用性与艺术性的特点。

其次，效果图的技法是设计师构建化妆效果图、表现创造性思维、塑造设计风格的重要手段。效果图表现过程中，选择最佳的人物造型、最佳的表现方法、最佳的风格定位，本身也是一种创造，是设计者自身的进一步深入完善，可将设计师个性化的设计风格完整、形象地通过画面效果展示出来，给人以直观的效果，是设计师设计语言的形象化表达。而且通过运用不同形式的技法，可形象化、艺术化地表现化妆造型的形态、色彩、质地等特征，既生动鲜明，又富有感染力。

再者，化妆设计效果图还需营造一定的审美意境和艺术氛围，体现富有内涵的设计内容，加强艺术表现力和感染力。特别是在演艺人物的化妆设计中，从效果图的技法选择到画面整体效果的表现都应考虑情节性、情景性。在掌握人物的比例、动态、局部刻画的同时，也要熟练掌握各种绘画技巧，充分发挥各种绘画用品、材质的特点，以加强画面的艺术性。例如对人的表情、性格和姿态等的刻画中，要有生动而形象化的特征表现；在表现不同的妆容风格、营造各种气氛时，对色彩、质地要细致把握，或轻柔、或浓艳、或细腻、或粗犷。

此外，在绘制效果图时，应准确、完整地体现设计构思，并为之后的立体表现阶段做好准备工作。例如对妆色的具体选择，应该在设计图上有明显的描绘说明；又如发型的梳理，在设计图纸中往往重点表现正面的形象，但侧面和后面的发型样式也应该在设计图上或另外的图纸上交代清楚。尤其是有的设计师只担任化妆造型的设计工作而不参加演出的实际化妆工作，这就更应该把自己的设计思想和表现意图交代完整、清楚，这样才能准确传达设计意图、获得最佳的设计效果。

总之，化妆设计效果图是化妆设计的第一步，作为整个化妆创意的一个组成部分，是设计构思到立体表现过程的桥梁，是设计者表达意图的重要手段。特别是在演艺领域中，效果图是创作过程中相当重要的环节，当我们有巧妙的设计构思却不能直观地表现出自己的设计意图，有想法却不能把灵感及构思瞬间表达出来，或者能完成妆容却缺乏对美的形态的理解……这些都是非常痛苦的。

作为设计者,效果图能直观地表达设计意图,同时也能多视点地分析推敲方案,使化妆设计趋于完整,所以说良好的设计效果图是准确有效地进行技术体现和制作的关键。

二、化妆设计效果图的表现形式

化妆设计效果图的表现是化妆设计专业学生的必修课,通过不断的练习训练,能够清楚掌握化妆设计造型的规律和艺术的灵感表达。化妆效果图是化妆设计的前提条件,是设计师的瞬间灵感的表达。设计特色、色彩的运用和具体的技术要求等,都要借助于这种特殊的绘画艺术形式,把感觉的思维转化为平面的艺术视觉形象呈现给人们,设计师们的设计构想和理想的视觉形象,也必须通过娴熟的绘画技法才能表现出来。

优秀的化妆设计效果图,除了要求人物形态表达准确,色彩、质感等表现得当以外,还应当有艺术感染力,其主要表现形式如下。

1. 具象表现形式

这是一种接近现实的描绘风格,虽有夸张但不强烈。在一些写实的设计中,需要我们在化妆的时候能够把很多细节都完美地表现出来,在绘制设计图的时候对人物刻画得较细腻,接近现实生活中的人物形象。设计的新意要点要在图中进行强调以吸引他人的注意,细节部分要仔细刻画。如果能够细致地把人物造型和细节都表现出来,例如头发梳理的具体样式、装饰品的颜色和材质、面部的结构特征、人物的性格表现等,则可能对各种造型准备工作非常有用。特别是需要他人依据设计图进行实际化妆的各种准备时,就必须要绘制出详细的样式和细节,包括色、质等要体现设计思想和设计意图(图7-27)。

图7-27 化妆设计效果图(话剧《萨勒姆女巫》)

运用具象表现形式时,不能机械、照相式地模仿,要对人物进行认真分析、概括与提炼。效果图的模特采用的姿态应以最利于体现设计构思和化妆效果为标准。可用水粉、水彩、素描等多种绘画方式加以表现,要善于灵活利用不同画种、不同绘画工具的特殊表现力,表现变化多样、质感丰富的妆面效果。对效果图的整体要求是:人物造型轮廓清晰、动态优美、用笔简炼、色彩明朗、绘画技巧娴熟流畅,能充分体现设计意图,给人以艺术的感染力。在具体的表现上,可以将人物的比例和动态进行少许夸张、变化,以达到理想美的标准;也可用高度夸张来突出主题,通过对线条、色彩进行归纳处理,有取有舍、主次分明,以突出化妆设计的精彩部位,明确什么该画,什么部位该强化，什么部位该弱化乃至不画。进行大胆的取舍与创造是为了突出化妆设计的特征与人物个性，所以对次要的部分应大胆省略，对重要部分应着重强调，使设计意图通过画面的虚实来诠释（图7-28）。

图7-28 化妆设计效果图

2. 抽象的表现形式

抽象的效果图并不追求具体人物的真实感，而从具象认识的相反角度出发，以特定的方式表现形式中的一种特性、性能。表现时主要是通过线条的情趣化、形式的理性化和色彩的情感化来表现，运用夸张、省略、变形等手法，简洁、鲜明地将化妆设计主体的造型特征进行提炼、概括，表达某些抽象的意念与感觉。抽象的表现形式在视觉上具有很强的冲击力，并限定在两个明确的层面上：其一是将自然的外貌约减为简单的形象；其二是指不以自然形貌为基础的艺术构成（图7-29）。

图7-29 化妆设计效果图

3. 意象的表现形式

这是通过联想、寓意而独立存在的一种形式结构，具有人文性和思想性，着力表现人物内在的神韵和气质，追求画面的节奏、韵律、气势之美，妙在虚与实、藏与露、具体与省略的技巧中，如图7-30、图7-31所示，作品中融入了设计者深厚的感情及对自然形象的艺术加工，有一定的艺术境界。

效果图既体现着设计者的感性形象思维，同时也反映着设计者理性的逻辑思维，在效果图训练中应该扩展眼、脑、手及其相互之间的协作与配合能力，加强其在化妆造型设计上的具体运用。对眼的训练可以培养视觉形象思维能力和对化妆形态审美特征的把握能力；对手的训练在于培养表现操作能力；对脑的训练可以培养综合创意思维能力。总的来说，通过培养眼、脑、手三位一体的协作与配合，达到对化妆造型形态的直观感受能力、造型分析能力、审美判断能力和准确描绘能力。

图7-30 化妆设计效果图

图7-31 化妆设计效果图(歌剧《第十二夜》)

三、作品图例

效果图是我们用来和其他合作人员、部门进行沟通的最好方式。如何掌握一套较好的效果图的表现技法，用最好的方法来诠释人物，将心中的人物变成纸面上的形象，是化妆造型的依据和基础，这对于设计师来说至关重要。在下列图例中，我们可以看到各种不同风格的设计图所表达的情感和思维方式（图7-32~图7-39）。

图7-32 化妆设计效果图（话剧《培尔·金特》中的绿衣女造型）

化妆的设计流程

图7-33 化妆设计效果图（话剧《人赃俱获》）

图7-34 化妆设计效果图（话剧《培尔·金特》中的山妖造型）

图7-35 化妆设计效果图(《爱丽丝梦游仙境》)

图7-36　化妆设计效果图

图7-37 化妆设计效果图("20世纪30年代摩登女性"造型)

化妆的设计流程

159

图7-38　化妆设计效果图

图7-39 化妆设计效果图（话剧《家》）

第五节 立体表现

设计是造物的过程，有了好构思后，接着就是如何来完成和表现这个构思。化妆设计效果图是设计构思的视觉性表达手段之一，把设计构思画在纸上，那仅仅是设计的平面表达形式，而这个设计构思能否实现，还有待于运用具体的化妆技术来检测其实现的可能性。设计师除了用绘画的形式表达自己的设计意图外，主要是通过造型的立体呈现来把握设计。

一、表现过程

1. 准备阶段

"立体表现"，是化妆造型设计艺术创作的最后实施阶段。在这个阶段，不光是用化妆技术体现构思，还需要我们做好全方位的准备工作。化妆造型是非常细致的工作，任何一个细节都需要在正式化妆之前做好相应的准备。如果是造型比较难和复杂的设计，前期准备就显得尤为重要，特别是在演艺工作中，化妆设计必须要有充分的安排和计划。例如在影视化妆造型中，化妆品、化妆工具、演员的头套、胡须、假发、装饰品等细小的东西以及化妆场地都要有序地准备妥当。由于很多角色人物的造型很特殊，因此有些化妆物品必须提前制作好，尤其是没有办法在商场直接买到合适的材料和工具进行制作的物品。此外，假发、假须有时需要按照设计构思定制。有些物品还需要制作许多备用品，如脸上的伤疤等塑型零件或者粘贴的眉毛、胡须等，要注意，同一角色每天化妆粘贴的附件必须完全一样。

2. 试妆阶段

试妆非常重要，只有经过多次试妆，才能够比较准确地完成人物的塑造。因为我们在进行化妆造型设计的时候，虽然大多数情况下会和化妆对象有交流和沟通，如果是演出，还会在设计前了解演员和演出的具体进程。但是，设计图纸的表现效果和我们在人脸上进行造型是不一样的，图纸表现是平面的、静止的，与立体的、生动的真人相比，后者对化妆造型的限制要多很多。但同时，人是化妆造型设计构思得以真实体现的载体，化妆要依赖于人才能完成，人的配合有时候会产生意外的效果，而且许多设计的感觉往往也存在于实际的立体表现过程中。因此，化妆设计的起始点应该是人，回归点仍然是人，所以设计紧紧围绕的中心始终是人。

有时候，设计图纸的效果很好，但是在人的脸上进行试妆后就会发现有些设计思想无法实现或并不理想。例如，在影视剧拍摄中，设计师要改变老演员的年龄，将其塑造成一个很年轻的人，因此需要用牵引技术拉平皱纹、收紧面部肌肉，有时还要粘贴假皮肤以掩盖皱纹。但是，试妆的时候，演员不作表情，牵引和粘贴的效果很真实；可是当演员进行表演、作表情的时候，面部会显得很僵硬，并随着表情肌肉的运动，粘贴物表面开始出现裂纹。此外，在很多学生设计作品中，往往不考虑人的运动和舒适性问题，特别是发式、发饰设计中或过重过大或不符合头型，演员是很难受的，会产生很大的思想负担，甚至会直接阻碍表演，这时候，化妆师就必须改变原来的设计方案。

所以，试妆是对设计图纸和设计思想的完善，也是对演出过程中换妆的练兵。只有不断在演员脸上进行试妆和修改，才能在演出时创造最佳的造型效果。

3. 体现阶段

所有的前期工作都是为了最后的呈现。经过试妆后，也许化妆的效果基本上没有太大的问题；但是，化妆镜前与实际空间环境还有很大的不同，空间不一样，光线不一样，而只有实际空间里的人物形象才是衡量效果的最终对象。所以，要到生活实景中检查妆效；在影视拍摄中要在监视器中对照整体效果。对舞台演出化妆而言，正式演出之前的化妆连排与彩排都不可粗心大意，因为在这些时候，我们将在化妆完成之后观看、检测化妆效果，如妆彩的浓淡、发型的比例、五官细节的处理等。一般情况下，在化妆镜中的形象正好，可能在生活中会显得重；在镜头里嫌不够细腻，在舞台上就会显得稍微弱了一些；而在镜子中觉得色彩和形式略有一点"过"，舞台效果则恰恰正好。但这也不是绝对的，要视具体情况而定。

总之，化妆设计是一门实践性很强的学科，设计师不能闭门造车，要主动为自己创造实践的机会，只有通过不断的实践才能真正认识化妆，才能获得更多的直接经验，才能做出真正好的设计作品。

二、作品图例

以下是部分学生的课堂习作，从中可以看到，要完成化妆设计的立体表现，设计者在整个创作过程中都要不断实践、不断探索。

学生以"上海世界博览会"为主题完成了创意造型设计（图7-40）。创作初期，学生搜集了大量世博素材，并制作成PPT，然后在课堂上讲解各自的设计素材来源，有的灵感来自世博展馆、有的意图表现环境与生活的关系、有的从多元文化的融合出发……在选好素材后，开始构思具体形象并勾勒设计草稿，又在试妆与制作过程中，发现"纸"最能贴切地表现设计初衷，所以在睫毛、发饰、服装的呈现上都采用了不同类型的纸。虽然是课堂习作，但有这样一个创作过程，完成和表现设计构思就有了可能，而且可以得到较理想的造型效果。

学生以水果"香橙"为灵感设计的创意造型，在妆容、饰品、服装的设计上都借用香橙元素的形和色的特征，表现甜美、可爱的人物形象（图7-41）。

学生以"贝壳"为创作元素进行造型设计，主材料是拉链，方案一出来后，发现整体效果单薄、简陋，也不符合模特的脸型，通过反复思考后调整了思路，重新画了设计稿，最终完成了方案二的立体呈现（图7-42）。

学生的课堂习作《第十二夜》中对小丑和奥丽维亚角色进行了形象设计，在最初构思的时候，打算在角色人物的外形塑造中强调形、色、质方面的装饰性体现，所以从设计稿到立体呈现都围绕这一点来突出整体思路，包括模特的选择也很有针对性，最终达到了较好的效果（图7-43）。

学生以极富创新意识的设计构思和设计手法，通过绘制草图、效果图到制作小模型、试妆等一系列设计流程，完成了对"白蛇"这一经典形象的全新塑造（图7-44）。

化妆的设计流程
163

(a)

(b)　　(c)

图7-40 "上海世界博览会"主题的化妆设计

化妆设计
164

化妆的设计流程

165

图7-41 "香橙"主题的化妆设计

(a)方案一

(b)方案二

图7-42 "贝壳"主题的化妆设计

化妆的设计流程
167

图7-43 化妆设计（戏剧《第十二夜》）

(a) 草图

正稿 →

(b) 效果图

(c) 制作小模型

(d) 试妆

(e) 完成造型

图7-44 "白蛇"造型设计与体现过程

思考与练习

1. 自选一项设计素材进行创意造型设计，要求完成从资料收集、设计草图、课堂交流、设计定稿到立体呈现的整个设计过程。

2. 自选一部莎士比亚名著进行主要角色人物造型设计。要求至少完成五位角色人物造型设计稿，并完成其中两位角色人物造型的立体呈现。

3. 自选一部国内名著进行主要角色人物造型设计，要求至少完成五位角色人物造型设计稿，并完成其中两位角色人物造型的立体呈现。

1

8

第八章 造型作品案例分析

P171-P189

第八章 造型作品案例分析

　　一般来说，化妆的设计与体现往往是为了表现某个特定的主题。在戏剧和电影电视作品中，化妆设计的主题与剧本所描述的故事情节有关、与剧中角色定位有关、与导演风格有关。即使是没有完整故事情节的各类演艺化妆以及各种秀场、广告、杂志等的化妆，也必然有着各自的主题要求。主题就是艺术作品通过描绘现实生活和塑造艺术形象所表现出来的中心思想，是艺术作品的核心与灵魂。

　　化妆设计作为艺术形象的重要表现内容，其主题既是它的中心理念，也是妆面设计内容和目的的集中体现和概括，更是人物造型的基本点和创意基石。主题在化妆设计的整个体现过程中处于主导的地位，它在很大程度上决定着化妆作品的格调与价值。化妆的创意、策划、设计图、制作、表演均要围绕主题，主题使化妆设计的各种要素有机地组合成一个完整的化妆作品。每一个化妆设计都应该有自己的个性追求、思想内涵、创意理念，这些反映在化妆设计上，即为主题效果。它是化妆设计师对化妆呈现效果目标的预期设定，对模特原型特征的认识，以及对灵感来源的观察、分析、思考而提炼出的诉求重点。通常一个主题可能会反映很多的信息，一个主题也可以有多种表现形式，这取决于设计师的追求和目的。

　　化妆设计的主题效果有三个基本特征：信息传达的准确性与识别性、表达方式的鲜明性与象征性、呈现效果的艺术性与设计性，三者相辅相成。

一、信息传达的准确性与识别性

　　让观者能够从化妆的造型样式上读懂化妆的主题，这就是化妆设计的主题效果最基本的特征。很多的化妆形式都有其约定俗成的形式，例如看到红鼻子就会联想到外国戏剧表演中的小丑；看到白鼻子也会联想到中国戏曲里的丑角等。这些元素是创作者和观赏者都很清楚并约定俗成的一种信号，由双方共同完成对这些元素的解读。这一类型的信息从创作到传达一定要有准确性与易识别性。如红鼻子只有在鼻头部位才是小丑的符号，如果移至脸颊部位就变成了红通通的苹果脸蛋儿；白鼻子也只有在鼻部周围才会使人联想到中国戏曲里的丑角，如果移至嘴唇部位就变成了苍白的病态信号了。

　　每一个时代都有属于这个时代人们所共有的审美价值观。世界的发展随着英特网的普及与传播，将全世界的信息变成共同的资源。因此，人们的爱好与对时尚的追求也具有了许多共性。化妆设计师的工作是通过从发型到化妆的一系列设计，把所表现对象的思想、作品的特色及内容巧妙地视觉化，并用整体的设计形式表现出来，生动形象地呈献给大家。也就是说，把被表现对象的逻辑思维的内容，用形象思维的形式表现出来。从心理学角度来说，人不能一下子接受完全超出其经验范围之外的东西，最好的传播应该是略微超出其经验而又大部分为其熟悉，达到同化观赏者的思维

造型作品案例分析

173

或者唤起观赏者共鸣的目的，所以利用人们旧有认知的元素阐述新道理比较容易被人接受。

设计师与化妆对象之间的关系不是静止的、瞬间的、片面的，化妆对象在不断地运动着、变化着，设计师所要表现的不仅仅是他的外部形象，还应表现他的内在。当人在全神贯注地观看某一画面时，他所看到的不仅仅是单独的画面，还有画面所传达的情感，化妆设计虽然只表现人体的一部分，但是设计师希望人们能够通过传递的信息看到它的整体而非局部。因此化妆设计不能只有外在形式，必须富有一定的思想内涵。只有富含文化积淀和丰富内涵并发人深思的化妆设计，才不会是华丽的过眼云烟，而是能够让人记住并可以细心回味，能够使人产生共鸣的成功设计。加拿大的太阳马戏团之所以会成功，就是具有把艺术置于技巧之上的创意和观念，其众多的音乐、服装、造型甚至人物动作的设计，都远远超越了马戏和杂技单纯的技巧展示，进入了一种内涵丰富的艺术境界。每一场表演都有一个主题，如《人生之旅》《龙魂》《神秘人》等，以主题故事线索贯穿整场演出，在技巧表演中融入丰富的戏剧元素，把没有主题性的杂耍导入舞台剧的编导中。

百老汇音乐剧《狮子王》无论是在商业上还是艺术上都取得了巨大的成功。那些夸张的人物造型使观众对原本熟悉的动物形象有了全新的感受，独特的造型所赋予角色的气质，给人留下深刻而难忘的印象（图8-1）。

《狮子王》的角色造型设计讲究整体感，不在演员的脸部描绘动物形态，而是将狮子的头衔接在演员的头上，这样的设计有几个好处，一是不妨碍演员的歌唱与表情；二是增加了演员的整体高度，使舞台形象更加完美；三是便于欣赏，观众可以从遥远的观众席上一眼能就认出演员所扮演的动物角色。除了直接将最有动物特征的头饰作为主要设计素材安放在演员的头上，设计师还配合表演的需要设计了动物造型的木偶，木偶直接由演员操作，这样既能表现动物形象，又有人的面目出现，同时还能传达出动物的本质特征，表现出他们既是人也是动物，创造出一个双重的视觉效果，让观众看见演员的同时也可以看见动物。此外，演员在表演中把造型与动作完美地结合在一起，创造出许多独具匠心的样式。例如，以推着带轮子的车跑来效仿野鹿的跳跃；用踩高跷来扮演长颈鹿；而兽群狂奔由远而近的效果则是由设计独特的滑轨制造出的奇迹。所有效果都很浅显，观众一下子就能明白其中的含义，主题效果的准确性和易识别性非常之高，是将角色的造型与表演形式巧妙结合的典范。

图8-1　音乐剧《狮子王》中的化妆设计

化妆设计

在韦伯的音乐剧《猫》中，设计师将角色造型与主题结合，将不同的猫进行拟人化设计，不同猫的形象代表了人类社会中的不同人物，赋予了容易被观众读懂的符号性特征（图8-2）。尽管舞台上有很多只猫，但是其性别、品种、甚至个性都让人一目了然，将这个我们平日中非常熟悉的形象惟妙惟肖地展现在舞台上，让人拍案叫绝。音乐剧《猫》的人物造型让人耳目一新，更是在艺术创作中达到了一个高度，把动物的夸张化、拟人化做到了极致，以至于后来该剧的影像制品的封套上都采用了动物角色那双犀利的眼睛，仿佛各色人等用不同的眼神盯着这个纷繁复杂的世界。

图8-2 音乐剧《猫》中的化妆设计

举世瞩目的2008年北京奥运会开幕式，是向全世界展示中华民族灿烂文化的最好机会，然而，表现什么，用什么形式来表现至关重要。导演张艺谋用独具匠心的美学理念、精彩绝伦的创意设计、绚丽多姿的画面效果，把舞美设计中的多媒体、灯光、音乐、人物造型等综合在一起，绘制了一幅震惊世界的画卷。这个开幕式让10万现场观众和全世界40亿电视观众在瞬间感受到了扑面而来的东方之美，弘扬了"温和绥四方、礼仪通天下"的中华文明。当然，开幕式上精彩的人物造型并非在设计之初就完全确定下来，而是经过了一个反复修改和完善的过程。

在最初的演出方案中，上半场将展示中华民族灿烂悠久的文化，所以，根据主题的要求，化妆

(a) 以金色饰品为主要设计语言，强调盛唐的奢华

(b) 以牡丹花为主的发饰设计，突出唐代特色

造型必须和服装一起,把各个朝代的主要元素运用在妆面、发型和整体设计中。虽然中国古代唐、宋、元、明、清五大朝有许多可以表现的内容,但必须契合鸟巢这样一个特殊的场合,通过采用特定的色彩和样式以获取最佳的效果。以下便是设计师根据五大朝的时代特征进行创作的化妆造型设计图。

在表现唐代的人物时,设计师以写实和写意相结合的方法塑造形象,在妆面上,考虑唐代的眉毛样式以及花钿等元素早已为世人所熟知,因此,在保留原来色彩与样式的基础上加入时尚造型元素,以符合现代人的审美习惯,如眼部的色彩和眼睛的形态、胭脂的晕染、嘴唇的样式等。此外,在发型上通过对饰品的强调,尽显盛唐时期的奢华与富贵(图8-3)。

(c) 同样,以牡丹花为主的发饰设计,突出唐代特色

(d) 以金色饰品来塑造唐代发型,彰显华丽

图8-3 "2008年北京奥运会开幕式"中的唐代人物化妆造型设计

化妆设计
178

在设计宋代的人物形象时,设计师考虑到宋朝的帽冠很有特点,也非常好看,于是在尊重历史的同时,加以适当的夸张变异,通过对宋代各种帽冠的造型设计,以强烈的符号性特征来表现宋朝的人物形象,创作出为人们所熟悉而又极富美感的宋代美女(图8-4)。

(a) 用镂空的人造金丝与钻石为主要材料,制造奢华璀璨的效果

(b) 采用花卉造型,强调色彩美感

造型作品案例分析
179

(c) 将帽冠的造型适度变形，并选择特殊的材质

(d) 将帽冠的造型适度变形，并选择特殊的材质

图8-4 "2008年北京奥运会开幕式"中的宋代人物化妆造型设计

元朝是中国历史上第一个由少数民族（蒙古族）建立并统治全国的封建王朝。由于受少数民族文化与服饰的影响，呈现出与以往完全不一样的人物造型。"姑姑冠"是蒙古族女性的装扮物品，也是人们所熟悉的、具有元朝象征符号的帽冠。因此，设计师在设计面妆和头饰的时候，就把重点放在著名的"姑姑冠"上，同时，从艺术创作的角度出发，在原有基础上加以改变，包括色彩、材质以及整体样式的夸张与变形。目的是与服装的色调和款式，与整个演出风格相统一。图 8-5 中分别是各种不同材质的帽冠。

(a)   (b)

(c)   (d)

图8-5 "2008年北京奥运会开幕式"中的元代人物化妆造型设计

在设计明代人物造型的时候,设计人员也尝试用各种不同材质来表现帽冠的质感(图8-6)。

(a) 采用暗金色,以突出真实的材质分量感

(b) 采用金色和蓝色相间,以表现一种庄重感

(c) 设计材料是玉石,力求营造一种晶莹剔透的美感

(d) 采用金色和蓝宝石,显现华丽和庄重

图8-6 "2008年北京奥运会开幕式"中的明代人物化妆造型设计

清代的宫廷女子造型以旗头最为著名，在许多文艺作品中都频繁出现过，是表现清代女子形象的一个重要设计元素。对于奥运会开幕式表演节目中的人物设计，如果过于写实会缺少创意和新鲜感，而大胆创新则有可能得不到观众的认可。于是，在色彩、样式、材质上对旗头进行适度的改变就是一个很好的方法（图8-7）。

(a) 以硬质饰品与羽毛结合的材质设计，突破传统的旗头样式

(b) 用蓝宝石为主要材质的旗头，无论是材料还是样式都不拘泥于传统，力求一种全新的样式

造型作品案例分析

(c) 采用头发和花卉结合的旗头，创作的目的是将写实与写意结合起来

(d) 采用青花瓷的色彩和图案，以棉布为主要材料，突出娇艳的花卉装饰

(e) 这是一款以朝帽为原型的设计造型，突出人物的庄严华丽

图8-7 "2008年北京奥运会开幕式"中的清代人物化妆造型设计

在北京鸟巢这样巨大的演出场地，化妆造型设计人员始终清晰地意识到，既要让现场观众清晰地观赏，同时也要让40亿电视观众大饱眼福，于是，在造型的样式和色彩把握上应注意分寸，要突出整体的形式美，强调细节的精致化。虽然设计师在设计五朝人物造型时为每个朝代都设计了几种至十几种方案，但是绝大多数设计方案因为整个开幕式演出内容的改变而没有用上。在正式演出中，我们只看到由600名舞蹈演员展示的唐代美女。

图8-8是开幕式前半场中表现中国古代文化的节目《中华礼乐》中的角色造型。这组造型在演出中受到了全世界观众的赞美，被称之为"唐美人"。华丽的服装与化妆造型，构成了美妙无比的历史画卷。在设计这个节目的化妆造型时，导演的要求是让全世界的观众能够快速识别图像，迅速读懂内容的含义，强烈感受人物的美丽，所以设计师始终把"信息传达的准确性与识别性"作为指导思想，因为对于像奥运会这样世界级的演出，最重要的设计理念就是把创作主题用简洁的语言、独特的创意、易懂的样式传达给所有的观众。因此，人物化妆造型既要体现唐代仕女的特征，又要符合现代人的审美习惯，还要与整体演出风格和谐一致。在发型和妆面设计上，整体上强调历史的真实，色彩上突出绚烂的震撼，细节上表现精致的美感。

(a) 这是开幕式准备期间的试妆造型，当时服装尚未确定，饰品制作也未完成。在代用服装的基础上，设计师为演员做了第一次化妆造型。发型基本上参照唐代的高髻，妆面上重点强调唐代盛行的蛾翅眉。但是这样的造型虽然与史料很接近，也很有"唐味"，可是整体上感觉缺少新意，视觉震撼力较小。所以，在正式演出中，对发型和饰品都进行了大胆的改变，增加了装饰性和绚丽感

(b) 该发型是唐代流行的"单翻髻"，设计师虽然强调形似，但是在饰品和花卉的装点上并不完全和史料一样，而是注重整个发型的流线型动感，饰物大小相间，疏密错落有致，和服装一起形成和谐高贵的美感

造型作品案例分析

(c) 该发型是"双翻髻",发型与妆面设计的基本原则是"大同小异",一来是配合服装色彩与舞蹈编排,二来是不使画面杂乱

(d) 该发型是根据唐代著名的"堕马髻"设计而成,在发髻的后面衬上和服装同色的花卉,在脸部化妆与颈脖处的彩绘中,选择的色彩也是同色系的粉红色与金色。"唐美人"的妆面设计,既有象征唐代妆面特征的白皙皮肤、前额上的粉红色花钿和嘴角两端的点状面靥,又有中国戏曲化妆的特色,如眼部和面颊部的红色晕染等。同时,在眼睛和脖子部位的化妆中,加入一些漂亮的色彩和闪光材料,增加表现力度

图8-8 "2008年北京奥运会开幕式"中《中华礼乐》的"唐美人"化妆造型设计

二、表达方式的鲜明性与象征性

研究视觉心理的结果表明，人类观看事物时是有选择的，眼睛观看对象后做出什么反应取决于许多生理和心理因素。色彩、结构和形式上的对照以及重要的运动状态都可以表达一个独立的、值得注意的物体或事件的存在。就像照相机在进行摄取时有一个物理焦点一样，在人的注视过程中也有一个类似的心理焦点。观赏者能看见什么，取决于他如何分配注意力，也就是说，取决于他的预期和他的知觉探测。

表达方式的鲜明性和象征性在化妆设计中具有更大的诱惑力和创意感。化妆设计的鲜明性能凸显设计效果，吸引观赏者的注意力；而象征性是用具体事物表现某些抽象意义，例如，十字架象征殉道和神圣，天平是法律公正的象征等。

在奥运会开幕式演出中，"诸子百家"节目中孔子的三千弟子手执竹简吟诵着"四海之内皆兄弟"的场面令人难忘。人物设计强调造型感和风格化，追求大气恢弘的意境，通过人物形象的鲜明性和特定的象征性简洁明了地传达了节目主题。设计师在设计三千弟子的化妆造型时，需要根据演出内容的要求与服装的色彩与样式来确定设计内容。首先要确定的是发型与服装的比例关系。宽大飘逸的古代大袍，由底部的白色逐渐向上过渡到深灰色，演员在场内随着音乐快步走动时，有飘飘欲仙之感，非常美丽。但是这样的服装并非与历史资料完全一致，只是在寻找到一种时代特征后加以夸张与变形，目的是创造最完美的视觉效果。化妆造型同样如此，为了营造整体的美感，设计师在冠饰上做了精心的设计。高耸的冠饰正好配合宽大的服装，使整个人物造型从头到脚有稳定的感觉，整体比例协调。其次是确定色彩，白色的纸质羽毛和服装底部的白色正好呼应，而竹子的颜色不仅和服装色彩吻合，而且与演员手上的道具——竹简完全匹配。用于固定冠饰的黑色长布带正好在黑白灰整体色调中加入最深的一笔。仙风道骨的造型很好地体现了中国古代文明的大气与恢宏（图8-9）。

(a) 孔子三千弟子的试妆照

(b) 孔子三千弟子的化妆造型设计图

图8-9 "2008年北京奥运会开幕式"中《诸子百家》的化妆造型设计

具有鲜明性与象征性的表达方式在化妆设计中有广泛的适应性，例如，奥运会开幕式原来的方案里有一个《夸父追日》的节目，在给演员设计化妆造型时，设计师用略带野性的长头、刚毅的五官、深色的皮肤、质朴的饰物以及图腾纹样的身体彩绘，鲜明地表现了这个中国神话故事中的人物形象，所有的化妆造型样式和色彩都象征着角色的力量、野性、阳刚（图8-10）。

(a) 化妆造型设计图　　　　　　　　(b) 试妆照

图8-10　"2008年北京奥运会开幕式"中《夸父追日》的化妆造型设计

又如开幕式中《飞天》节目的人物造型，虽然飞天的化妆造型最终因为要体现发光的五环而无法被看清，但是在设计与造型时，设计师赋予了美丽的飞天以鲜明的东方美感。发型、饰品以及妆面的色彩，都和中国著名的敦煌壁画中的飞天有相似之处，但是又不拘泥于已有资料，让真实与创意、古典与时尚结合在一起，创作出让人耳目一新的飞天形象（图8-11）。

图8-11　"2008年北京奥运会开幕式"中《飞天》的化妆造型设计

总之，化妆设计和其他艺术作品的创作一样，艺术家常常用色彩和样式来表现某一种特定的象征意义，塑造鲜明的人物形象，而作品的造型感与象征特性又与艺术家的生活经历与审美意识息息相关，同样，观众对作品的解读和对主题意义的感受也离不开各自的生活体验与审美修养。

三、呈现效果的艺术性与设计性

一个作品在形象上要反映出创作者的思想与立意，使表现内容与样式达到完美统一和感人的程度，这就需要作品具有艺术结构的严密性和完整性、艺术手法的多样性和创造性、艺术风格的独特性与民族性。

由著名导演张艺谋执导的2009年鸟巢版歌剧《图兰朵》，其人物造型设计注重化妆的艺术性与设计感。对于剧中人物的化妆造型，创作者为每一个角色都设计了多款样式，以便于导演进行比较与选择（图8-12、图8-13）。在所有的发型与装饰品设计中，都不能忽略剧中特别重要的一个细节，那就是发簪，因为在剧情发展的过程中，发簪成为柳儿从公主头上拔出后自杀的道具。因此，在制作发簪时，设计师将簪子放大，并且放在演员最容易拔下的位置（图8-14）。

一个角色或者一部作品的人物造型，设计的成功与否既取决于造型本身的创意与艺术样式，更取决于角色造型在整个演出中的整体效果。设计师在创作歌剧《图兰朵》的人物造型时，根据导演的总体设想与艺术构思，用东方元素、中国元素作为创作的主体，在发型与妆面设计上均采用中国古代传统发型与戏曲贴片相结合的方法，如图8-15中所示，图兰朵公主的扮演者是一位欧洲演员，用戏曲的贴片将她的脸型稍作改变，再用红色晕染的方法对眼睛和面颊部位进行化妆，而发型上的装饰品则采用具有明显中国特点的红、金、蓝等色彩和样式，以突出"中国公主"这一主题。

图8-12 歌剧《图兰朵》的人物化妆造型设计图稿（一）

采用另一种设计风格，重点突出图兰朵公主的头饰，显现公主的奢华与高贵

造型作品案例分析

189

(a) 饰品以中性色调的钻饰为主，强调造型的整体感

(b) 设计师在脸部的两侧加上花卉饰物，以配合剧情的发展

(c) 采用不对称的发型，饰品色彩低调，以突出图兰朵公主的冷酷性格

(d) 采用对称的设计，表现公主至高无上的威严

图8-13　歌剧《图兰朵》的人物化妆造型设计图稿（二）

图8-14 歌剧《图兰朵》中的发簪设计

图8-15 歌剧《图兰朵》中的女主角"中国公主"的化妆造型设计

有时候，一个造型作品的艺术感染力和设计感，不仅在于大的整体效果，也会从细节的处理中产生。例如发型与装饰品的材质、脸部色彩的运用、五官形态的刻画、装饰图案的配合等，都会关乎整个形象的成功与否。如图8-16所示，图中的三个人物分别是歌剧《图兰朵》中的角色"酒、色、财"，在创作这三个人物时，设计者从中国戏曲中的丑角造型中获得启发，演变出三个颇具喜剧色彩的人物造型。并在他们的脸上画了"酒葫芦"、"粉蝶"以及"铜钱"。观众看着他们的造型，听着他们的演唱，会非常享受地得到艺术创作带给他们的快乐。同时，化妆设计并不能单独存在，而是与服装的色彩与样式、表演者的条件与气质以及舞台设计、灯光设计甚至音乐等诸多元素紧密关联的。

图8-16　歌剧《图兰朵》中的"酒、色、财"三个人物的化妆造型设计

任何艺术作品的创作，在设计构思中需要确定主题的鲜明性、准确性和信息的易识别性；在表现方式上要注重体现意境的鲜明性与象征性；在完成创作的过程中要表现作品的设计性与艺术性，这三点也是完成化妆设计作品的重要环节与要求。

思考与练习

1. 用各种手法进行创意设计练习。
2. 思考化妆的设计与技术应该如何结合？
3. 结合自己的设计作业理解主题表现与形式造型。

后 记

《化妆基础》出版后，不断听到一些反馈，说许多学校的师生很喜欢这本书，同时也盼望早日看到《化妆设计》。可是我们几个人似乎一直在忙碌着，除了教学之外，参与了一些非常有意义的艺术活动，如2009年10月参加张艺谋导演的多媒体歌剧《图兰朵》的化妆造型总设计，同年11月，又担任多媒体音乐剧《弘一法师》的服装与化妆造型设计。最重要的是，我们参与了自奥运会之后中国的又一盛事——2010年上海世界博览会开幕式和闭幕式的造型设计。这些活动让我们迫不得已地将许多事情往后拖延了，这其中就包括《化妆设计》这本书。但是，从另外一个角度来看，这些艺术创作活动却丰富了该书的内容。

《化妆设计》应该是大学本科三、四年级的设计课教材。我们在这本书中所选择的图像，所评析的作品，也大多来自课堂教学和艺术实践，这样也许能够引起学生的共鸣，能够让他们感觉亲切并获得启发。

书中引用了几届学生的作业和作品，这些学生是：侯夏娃、聂晶、李洋、陈霆霆、韩荷芬、郑意晔、韩洁、刘佳、席鹏飞、张蓓丽、李莉、曲幽、矫伟平、吕思墨、蒋丽佳、徐琪蓉、龙可辛、汤圣婕、关峰、韦拉、杨梦欣、孙辉、王聪、丁怡、沈天慧、周然、陈梦妮、苏静、刁峻艳、刘心宇、王一心、徐丛婷、张鹭云、邢佳、沈思思、徐旻婕、耿慧、谢红、刘丽霄、袁浩、张雪琴、吴嘉涛、葛永芳……如果有遗漏，请谅解。

为本书画插图的是王珠峰、王慧、朱霄峰、陈皓；封面设计为诸翠华；排版为赵兴。

在此一并感谢！

徐家华
2011年6月18日

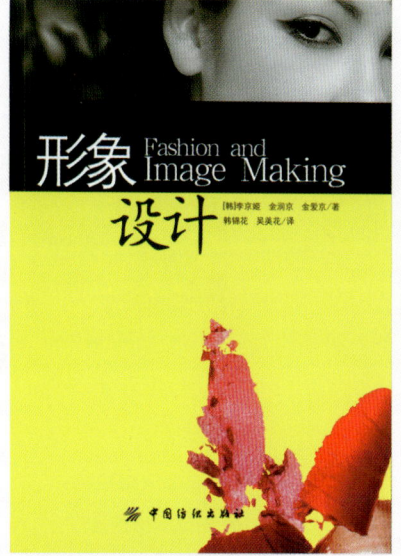

中国纺织出版社图书推介： 形象·造型

《形象设计》
【韩】李京姬 著
韩锦花 吴美花 译 定价：45.00元
本书是形象设计领域里的基础教材。作者系韩国釜山大学服装系教授，通过总结多年来在服装和时尚形象设计类教学实践中的教案，带领读者认识形象设计的构成要素、色彩诊断等理论知识，并在实战训练中教会大家从当今的流行趋势中筛选出适合自己的元素，再把它们紧密地融入个体中，并成功实现塑造好形象的目标。

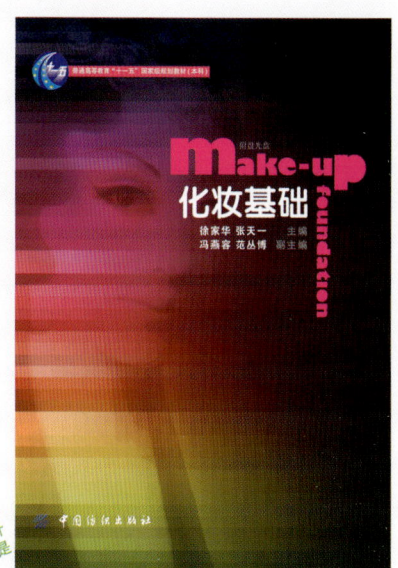

普通高等教育"十一五"
国家级规划教材（本科）
《化妆基础》（附盘）
作者：徐家华 张天一 主编
定价：42.00元
徐家华老师是北京奥运、上海世博等国家级项目的形象化妆总设计师，本书是其团队的夯实力作，是最权威的化妆基础教材。
本书着重美学知识、色彩知识、光学知识等，由此掌握在化妆中运用素描原理进行打底色的技法训练和人物形象塑造技巧。

普通高等教育"十一五"
国家级规划教材（高职高专）
《化妆造型设计》（附盘）
作者：徐子涵 编著
定价：39.80元
本书内容介绍了化妆基础知识、基本技法及其在生活、美容、摄影、影视舞台上的应用。全书理论知识部分语言通俗易懂不繁复；妆面示范图片大而清晰，能更清楚的观察妆面及妆面的变化，更详实、更准确地讲述了化妆中的细节与重点。
本书将细致的理论知识结合清晰的妆面示范图片，倡导学生动手实践的操作能力，将理论知识真正运用到实践操作中，做到真正的学有所用。

《百变丝巾完全造型手册》
《至IN领带完全造型手册》
作者：犀文资讯编
定价：24.80元

《彩妆速成课》《减肥速成课》《发型速成课》《护肤速成课》
作者：曹静   定价：25.00元

写给奔跑奋斗年代的小魔女，让"快时尚"就在身边，
俏皮、活泼的文字带着"娱乐"的味道，好像一场速度的游戏。

《手做花样小发饰》
内附73款详细的裁剪制作方法。

利用各种边角布料，轻而易举地制作出可爱、时尚又兼具实用功能的装饰头花和缎带发饰！

不论是居家、外出，还是正式场合都可以佩戴；还可以当做礼物送人，亲手缝制的更有情意哦！

定价：19.80元

《手做香草系时尚小单品》
内附42款详细的裁剪制作方法。

用棉布、亚麻布缝制的小巧单品：可爱小吊衫，有短款长款和裙款，与背心、T恤都可搭，与裙子、仔裤都可配，各式穿着组合，每天玩漂亮的混搭吧！

定价：28.80元

《手做自然系亲子装》
内附40款详细的裁剪制作方法。

妈妈与宝贝儿穿上同一款式的服装，像姊妹花一样，真是喜上眉梢，让人美慕不已啊。

亲手制作自然清新的亲子装，母女之间共同度过了最温暖的时光，这是妈妈给孩子的最贴心的礼物，那传递着爱和快乐的亲子关系才是最有价值的教育理念呐。

定价：28.80元

《手做甜美的小美衣配饰》
内附32款详细的裁剪制作方法。

法国风情的服饰搭配让你的衣橱焕然一新，经典款式+时尚元素，做自己的服装设计师。

定价：28.80元

《清纯的家居小布艺》
内附84款详细的裁剪制作方法。

制作各式家居小饰品——靠枕·家居鞋·围裙·茶饮套装·餐桌组合·各式小垫·环保购物袋等，初学者做起来很简单又可爱，让你的家收获多多，与众不同哦。

定价：22.80元

《清雅的纸卷小工艺品》
内附66款详细的制作方法。

相信吗？

彩页纸+吸管/筷子/烧烤签子=工艺品。

字画框·相框·花篮花环·小盛物盒·纸巾盒·笔筒·手机座·CD盒·小书报箱·果盘·杯垫·纸篓……

你想到的都可以做来试试啊。

定价：22.80元

《清馨的环保小布包》
内附70款详细的裁剪制作方法。

是否考虑替换不环保的塑料袋呢？

缀布拼图，任意尺寸（可按自行车车筐大小）等等个性化设计，造型简约，轻巧、便携、实用。天天使用的环保袋——传统包·大提包·各样袋中袋·钱包·抽纸盒·野餐包·迷你手袋甚至鞋袋等等原生态的小物件，你选择就非你莫属。

定价：22.80元

快乐女生@浪漫家居系列 ONE DAY SEWING

一学就会的假日手工课

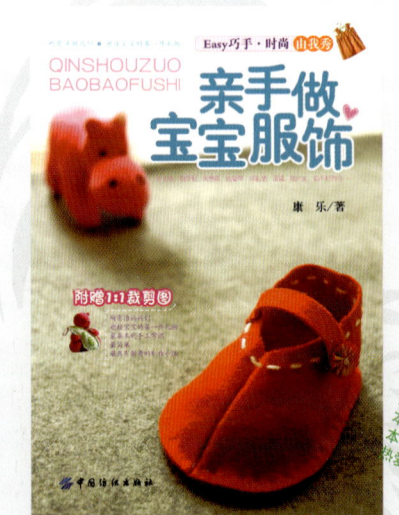

《手做亲子生活小物》 作者：康乐　定价23.80元

本书收录了孩子在生活中、学习中经常用到的家居用品，包括收物囊、精装书皮、水壶袋、文具包，也有妈妈们常用的家居生活小物，比如围裙、手套、围袖、杯套，还有孩子和妈妈成双成对的包包、零钱袋等等。品种风格俏皮可爱，制作过程简单易学，即使是初学者也能轻松上手，并且所有成品实用性极强。可借由设计、选布、制作的过程，教导孩子爱物惜物的观念，让孩子明了制作的辛苦以及成品完成的喜悦，这将是孩子们成长的最好见证。

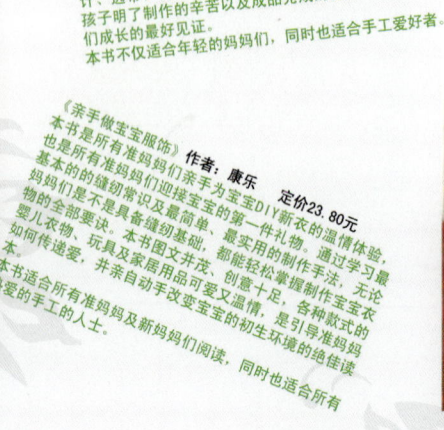

本书不仅适合年轻的妈妈们，同时也适合手工爱好者。

《亲手做宝宝服饰》 作者：康乐　定价23.80元

本书是所有准妈妈们亲手为宝宝DIY新衣的温情体验，也是所有育儿宝宝的第一件礼物。

最基本的手缝纫常识，最实用的制作手法。通过学习妈妈们不是裁缝师也能轻松掌握制作宝宝的全部要素。本书图文并茂，各种款式的婴儿衣物、玩具及家居用品尺寸准、创意十足，都能轻松掌握制作宝宝如何传递爱，并亲自动手改变宝宝可爱又温情。

本书适合所有准妈妈和新妈妈们阅读，同时也适合所有挚爱的手工的人士。